Dreamweaver
网页设计与制作案例教程

主　编　于晓荷

副主编　张　鑫

北京邮电大学出版社
www.buptpress.com

内 容 简 介

随着互联网的普及以及网络信息的广泛应用,越来越多的人和企业都已经拥有了自己的网站,利用网站的宣传和推广可以让更多的人了解个人或企业的产品。Adobe Dreamweaver 是一款专业的、优秀的网页设计软件,使用它可以制作出专业的网站。《Dreamweaver 网页设计与制作案例教程》是一本全面介绍 Dreamweaver CS5 基本功能及实际运用案例的书,是一本入门级的教材,针对零基础读者开发,本书语言平实,条理清晰,案例简洁并有代表性,贴近初级读者。

图书在版编目(CIP)数据

Dreamweaver 网页设计与制作案例教程 / 于晓荷主编. -- 北京:北京邮电大学出版社,2016.12
(2020.8 重印)

ISBN 978-7-5635-4959-7

Ⅰ.①D… Ⅱ.①于… Ⅲ.①网页制作工具－教材 Ⅳ.①TP393.092.2

中国版本图书馆 CIP 数据核字(2016)第 272441 号

书　　　名:Dreamweaver 网页设计与制作案例教程
著作责任者:于晓荷　主编
责 任 编 辑:满志文　郭子元
出 版 发 行:北京邮电大学出版社
社　　　址:北京市海淀区西土城路 10 号　(邮编:100876)
发 行 部:电话:010-62282185　传真:010-62283578
E-mail: publish@bupt.edu.cn
经　　　销:各地新华书店
印　　　刷:北京九州迅驰传媒文化有限公司
开　　　本:787 mm×1 092 mm　1/16
印　　　张:10.25
字　　　数:242 千字
版　　　次:2016 年 12 月第 1 版　2020 年 8 月第 3 次印刷

ISBN 978-7-5635-4959-7　　　　　　　　　　　　　　　　　定　价:30.00 元

前　　言

　　《Dreamweaver 网页设计与制作案例教程》共七个项目，从基本操作入手，通过项目＋案例的方式，全面深入地阐述了 Dreamweaver CS5 的使用方法和网页制作技巧，大部分案例都有提示和注释，个别案例还配有案例拓展，对案例进行充实和提高。在案例之前穿插讲解了案例中需要用到的知识点，方便读者更好地理解知识点的应用。在案例中通过提示和注释，让读者了解知识点的应用和一些操作技巧。本书的主要内容包括：站点的建立与管理、文本的应用、图像的编辑、表格的应用、超级链接的应用、表单的使用、利用模板创建网页、HTML 代码、CSS 样式、CSS＋DIV 布局等。具体内容包括：

　　项目一 Dreamweaver 网页设计与制作的基础，讲解了网页设计的基本概念，如网页和网站、网站的制作流程、虚拟主机的概念及申请等；使用 HTML 语言制作完成了"活动通知"页面。

　　项目二 认识 Dreamweaver CS5，讲解了如何安装运行 Dreamweaver CS5、如何制作自己的 Dreamweaver CS5 的工作界面、创建和管理本地站点的方法、使用文件面板管理站点文件并使用 Dreamweaver 创建了第一个网页。

　　项目三 网页基本元素的添加，讲解了使用文本、图像、Flash 和视频等基本元素创建页面、使用不同类型的超链接制作页面和使用表格和表单控件制作页面。

　　项目四 使用 CSS 样式控制页面元素，讲解了使用 CSS 设置页面、文本、段落的样式，使用 CSS 设置超链接状态、使用 CSS 设置表单控件的样式。

　　项目五 使用 CSS＋DIV 布局页面 ，讲解了使用 CSS＋DIV 布局进行基本页面的布局，制作超链接，在任务拓展中使用该布局方式制作了某大学的主页。

　　项目六 使用模板批量制作页面，讲解了模板的概念；模板的创建、编辑、应用、修改、更新等操作方法；使用模板实现网页的批量制作或修改页面等。

　　项目七 策划与制作了"启明星科技有限公司"网站，包括网站的主题、名称、内容、栏目、布局和色彩等内容的策划。

　　由于作者的水平和能力有限，书中难免有疏漏之处，敬请广大读者批评指正。

編者

2016 年 5 月

目　　录

项目一　网页设计与制作的基础

学习目标

掌握常用的网页制作的相关概念；

熟悉网站的制作流程；

了解 HTML 语言的常用标签及属性的含义。

任务一　掌握网页制作的相关概念

任务描述：

了解网页相关的概念，有助于提高自己学习网页制作的兴趣，提升网页制作的水平。同时，懂得欣赏优秀的网站，借鉴其优秀理念，才能制作出专业的网站。

相关知识：

1. 网页与网站

网页是网站中的一页，是构成网站的基本元素。上网时用浏览器打开的单独的页面就是网页，网页是一个文件，常见的扩展名有 .html、.htm、.asp、.aspx、.php 和 .jsp 等，网页中可以包括文本、图片、动画、音乐和程序等。网站是由内容相关的、通过某种方式联系到一起的若干网页组成。

2. 服务器与浏览器

服务器本身也是一台计算机，在安装了某种服务器软件后能提供一些特殊的网络服务。网站制作完成后上传到服务器上，可以使用提供的域名通过网络来访问。浏览器主要用来浏览网页文件，常用的有 360 浏览器、QQ 浏览器和百度浏览器等。

3. 网站的工作原理

网站设计制作完成后上传到互联网中的某台服务器上，用户在浏览器中输入所提供的网址，向服务器发送一个请求，服务器根据用户不同的请求，将网页文件发送给客户端，由客户端浏览器进行解析，最终将网页呈现给用户，如图 1-1 所示。

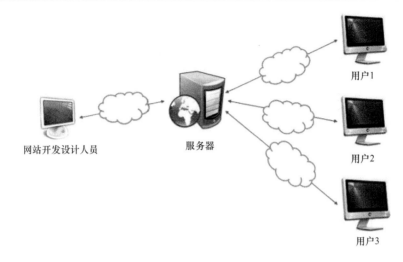

图 1-1　网站的工作原理

4. 静态网页与动态网页

静态网页的"静"指的是页面的内容对于不同的用户、不同的时间和不同的地点都是不变的,只要不改变设计,网页显示的信息不会变。静态网页是文件扩展名为 .html 或 .htm,静态网页中包含的内容有 HTML 标签、脚本(JavaScript)以及一些图片、文本、Flash 等网页元素。因此,即使有的页面出现动态效果如飘动广告、弹出菜单等仍然属于静态网页。

动态网页在功能上更多体现出的是与用户之间的交互,如注册、登录、论坛、聊天室、用户管理等功。动态网页的内容在不同的情况下访问是变化的,因此称为动态网页。动态网页的文件扩展名与制作该网页的技术有关,如 .asp、.aspx、.php 和 .jsp 等。动态网页除了包含静态网页的所有内容外,同时还包含服务器端脚本(只能被服务器执行的脚本)。

5. 网站建设的基本流程

(1) 了解客户需求

做网站之前要和客户进行沟通,了解客户做网站的目的、网站的用户群体,还需要和客户协商的内容、网站基本功能需求和基本设计要求等。

(2) 网站设计

网站的建设都是从设计开始的,网站的设计包括:主题和名称的确定,内容的组织、栏目的划分、Logo 设计、界面布局设计,色彩搭配,要采取的网页制作技术、站点的文件夹结构设计,若为动态网站,还需要进行数据库设计等。

(3) 制作网站

根据前期的设计思路,使用各类网页制作工具制作网站,如 Photoshop、Flash、Dreamweaver 等。如果要制作动态网站,还需要使用到动态网站的制作技术。

(4) 测试网站

一个网站制作完成后,要进行测试以保证网站顺利地运行。包括导航测试、图形测试、内容测试、整体界面测试等。

（5）发布网站

网站制作完成后，需要购买虚拟主机和域名，之后将网站上传到虚拟主机上，同时发布域名，供浏览者访问。

（6）维护网站

根据客户的需求，对网站进行及时更新。网站测试成功后，将网站加入到搜索引擎中，搜索的效率更高。

6. 域名和虚拟主机

网站制作完成后，需要上传到互联网上的某台服务器上，同时提供一个域名，供访问者访问时使用，域名即网址，每个域名都与一个 IP 地址相对应，如 www. sina. com. cn 就是新浪网站的域名。

虚拟主机是使用特殊的软/硬件技术，把一台运行在互联网上的服务器分成多台"虚拟"的主机，每一台虚拟主机都具有独立的域名，具有完整的 Internet 服务器（WWW、FTP、E-mail等）功能，虚拟主机之间完全独立，并可由用户自行管理，在外界看来，每一台虚拟主机和一台独立的主机完全一样，实际上，许多人可能都在共享一台服务器的服务。

目前，绝大部分厂商的域名和虚拟主机都需要付费才能使用，在网站正式开通之前，还需要在相关部门备案，通过后网站才能正式运营。

任务实施：

（1）图 1-2 为首都师范大学网站的主页，整个页面以蓝色作为主色调，横幅区是欧阳中石先生的浑厚有力的文字，体现出了这样一所知名大学浓厚的文化气息及严谨的学术氛围。

图 1-2　首都师范大学主页

（2）图 1-3 为国内网络设备公司——瑞斯康达科技有限公司的主页,该页面从内容上注重宣传企业的文化和产品,整个页面中白色、灰色与蓝色相结合,大幅的横幅宣传广告体现出企业的睿智与灵活,又不乏科技性的特点。

图 1-3　瑞斯康达科技有限公司主页

（3）图 1-4 为 Apple(中国)官方网站主页,该主页用大篇幅对其产品进行展示,整个页面干净、简洁,仿佛真实的产品就在人眼前。

图 1-4　Apple(中国)官方网站主页

任务二　掌握 HTML 语言

任务描述：

使用 HTML 语言制作如图 1-5 所示页面。

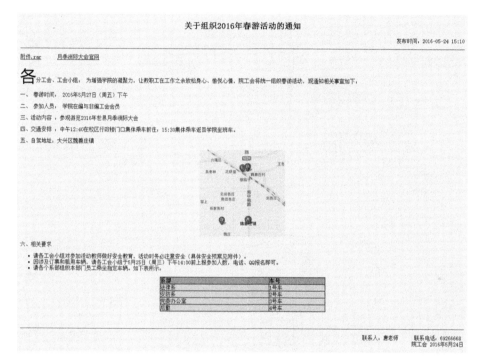

图 1-5　活动通知页面

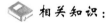**相关知识：**

1. HTML 语言

任何一个网页文件，都有支撑它的 HTML 语言，了解 HTML 语言的基本语法和结构，有助于网页设计的学习。

HTML 的英文全称是 Hyper Text Markup Language，通常称为超文本标签语言。HTML 是 Internet 上用于编写网页的基本核心语言。它通过标签将网页元素组织在一起构成网页，标签是用一对"＜" "＞"包含的字符，大部分是成对出现的，有的也可以单独出现。

用 HTML 编写的超文本文档称为 HTML 文档，HTML 文档的扩展名为 .html 或 .htm。例如将下面的这段代码保存成 .html 或者 .htm 格式的文件，文件在浏览器中显示效果如图 1-6 所示。

[例 1-1. html]

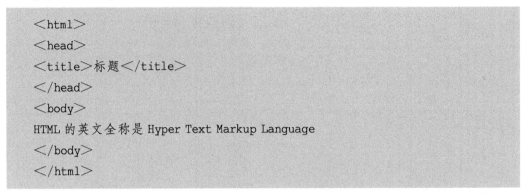

```
<html>
<head>
<title>标题</title>
</head>
<body>
HTML 的英文全称是 Hyper Text Markup Language
</body>
</html>
```

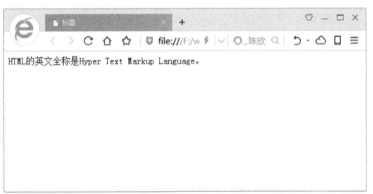

图 1-6 在浏览器中的显示效果

【注意】

如果在浏览器中预览时出现乱码,在浏览器中空白区域右击,选择【编码】|【自动检测】。

2. HTML 文件的基本结构

HTML 文件的基本结构包括以下 3 部分:

(1) <html>…</html>:表示 HTML 文档的开始和结束。

(2) <head>…</head>:构成 HTML 文档的头部。头部中最常用的标签是<title>…</title>,<title>标签中的内容是显示在浏览器上窗口标题栏的信息。

(3) <body>…</body>:<body>标签之间的内容是在浏览器窗口中显示的内容。

如果需要在浏览器窗口中显示的内容更丰富,就需要使用更多的 HTML 标签和标签属性,属性用来对标签或标签之间的内容进行修饰,标签和其属性必须放到“< >”中,属性之间用空格隔开,常用的 HTML 标签和属性会在本章后面任务中介绍。

3. HTML 文件的存放目录

HTML 文件以及文件中需要的素材要放到一个文件夹中。为了方便其他文件的管理,根据所存放的内容进行文件的归类,例如创建一个 images 子文件夹存放图片素材,但是所有的文件夹在命名时都不要出现中文。

4. HTML 标签的使用

（1）＜body＞标签

＜body＞标签表示网页的主体部分，它的属性用于设置页面的属性，＜body＞标签常用的属性如下：

bgcolor＝"颜色"：设置页面背景色。

background＝"图片文件的名字及路径"：设置背景图形文件。

text＝"颜色"：设置页面文字默认颜色。

色彩表示方法有两种，一种是用十六进制的红、绿、蓝（RGB）值来表示，格式为＃RRGGBB，十六进制的数码有数字 0～9 和字母 a～f，例如红色为"＃FF0000"；另一种用英文单词表示色彩，例如红色为"red"。

（2）标题标签

作用：设置文档的各级标题。

格式：＜h*n*＞…＜/h*n*＞，*n*＝1～6。其中，1 号字体最大，6 号字体最小。

常用属性：align，用于定义标题的对齐方式，如表 1-1 所示。

表 1-1　标题标签 align 属性

属性	表示的对齐方式	示例
left	左对齐	＜h1 align="left"＞文字内容＜/h1＞
right	右对齐	＜h1 align="right"＞文字内容＜/h1＞
center	居中对齐	＜h1 align＝"center"＞文字内容＜/h1＞

［例 1-2. html］

```
＜html＞
＜head＞
＜title＞1-2＜/title＞
＜/head＞
＜body＞
＜h1 align = "center"＞这是一级标题＜/h1＞
＜h2＞这是二级标题＜/h2＞
＜h3 align = "right"＞这是三级标题＜/h3＞
＜h4＞这是四级标题＜/h4＞
＜h5＞这是五级标题＜/h5＞
＜h6＞这是六级标题＜/h6＞
＜/body＞
＜/html＞
```

浏览效果如图 1-7 所示。

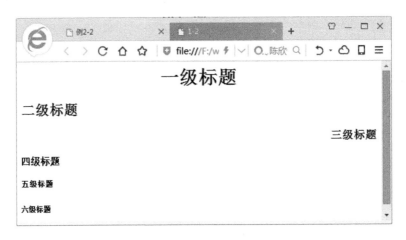

图 1-7　标题标签效果

（3）版面格式标签

① 分段与换行如表 1-2 所示。

表 1-2　分段与换行标签

标签名称	格式	作用
段落标签	＜p＞…＜/p＞ 或者…＜p＞	使标签后面的内容另起一段。常用属性：align，用于定义段落的对齐方式，与标题标签类似
换行标签	…＜br＞	使标签后面的文字进行换行显示

② 文本对齐。可以在＜p＞标签中使用 align 属性指定文本对齐方式。另外，居中对齐可以通过居中对齐标签进行设置。

作用：使标签中的内容在浏览器中居中显示。

格式：＜center＞…＜/center＞。

③ 水平线。

作用：在文档中插入水平线。

格式：＜hr＞。

常用属性：如表 1-3 所示。

表 1-3　＜hr＞标签属性

属性	作用	示例
align	定义水平线的对齐方式，默认为"center"	右对齐水平线：＜hr align＝"right"＞
color	定义水平线的颜色	绿色水平线：＜hr color＝"green"＞
noshade	定义水平线为无阴影	无阴影水平线：＜hr noshade color＝"green"＞
size	定义水平线的宽度，单位为像素	宽度为 4 的水平线：＜hr size＝"4"＞
width	定义水平线的长度，单位为像素或百分比（相对于页面宽度）	占页面宽度 80％的水平线：＜hr width＝"80％"＞

④ 字体标签。

作用:设置标签间文本的字体、大小、颜色等。

格式:<font>…</font>。

常用属性:如表 1-4 所示。

表 1-4　<font>标签常用属性

属性	作用	示例
face	设置标签间文本的字体	<font face="隶书">文字内容</font>
size	设置标签间文本的大小,其值为 1~7	<font size="2">文字内容</font>
color	设置标签间文本的颜色	<font color="red">文字内容</font>
title	设置鼠标指向文本时,出现的提示信息	<font title="信息">文字内容</font>

⑤ 字体修饰标签。

作用:设置标签间文本的样式,如粗体、斜体、下画线等,如表 1-5 所示。

表 1-5　字体修饰标签

功能	格式
粗体	… 或者 …
斜体	<i>…</i>
下画线	<u>…</u>
上标	[…]
下标	_…

⑥ 特殊字符。

作用:在页面上显示的特殊符号,如表 1-6 所示。

表 1-6　特殊字符

显示结果	实体名称	显示结果	实体名称
空格		©	©
<(小于号)	<	®	®
>(大于号)	>	×(乘号)	×
"(双引号)	"		

[例 1-3. html]

```
<html>
<head>
<title>1-3</title>
</head>
<body>
```

```
<h1 align = "center"><font  size = "6" face = "微软雅黑">静夜思</font>
</h1>
  <center>
    <font size = "4" face = "楷体_GB2312">李白</font>
<p>
    <font size = "5"><font color = "#FF0000" face = "华文隶书">
床前明月光,<br>
疑是地上霜。<br>
举头望明月,<br>
低头思故乡。<br>
    </font>
  </font>
</p>
</center>
<hr width = "90%" color = "#00FF00">
<p>李白(701 年 - 762 年)<sup>[1]</sup>,字太白,号青莲居士</p>
</body>
</html>
```

浏览效果如图 1-8 所示。

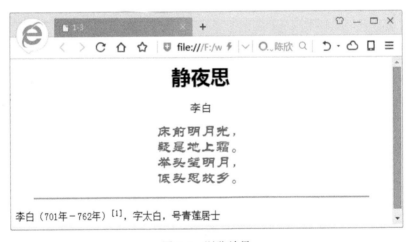

图 1-8　浏览效果

5. 项目符号标签

作用:在 html 页面中,合理地使用列表标签,可以起到提纲和格式排序文件的作用。
列表分为两类,无序列表和有序列表,本书主要使用无序列表。
无序列表的主要标签为<ul>和<li>。
作用:生成没有编号的列表,每一个列表项前使用<li>标签区分。

格式：

```
<ul>
<li>第一项</li>
<li>第二项</li>
<li>第三项</li>
</ul>
```

<ul>标签的主要属性为 type，它有三种值，分别代表不同形状：disc 代表实心圆点（默认值），circle 代表空心圆，square 代表实心小方块。

［例 1-4. html］

```
<html>
<head>
<title>1-4</title>
</head>
<body>
<ul>
<li>默认的无序列表加"实心圆1"</li>
<li>默认的无序列表加"实心圆2"</li>
<li>默认的无序列表加"实心圆3"</li>
<li>默认的无序列表加"实心圆4"</li>
</ul>
</body>
</html>
```

浏览效果如图 1-9 所示。

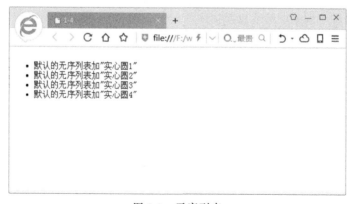

图 1-9　无序列表

6. 超链接标签

作用：把当前位置的文本或图片连接到其他的页面、文本或图像。

格式：<a>…</a>。

常用属性：如表 1-7 所示。

表 1-7 <a>标签属性

属性	作用	示例
href	指定链接的目标地址，可以是站内的文件，也可以是某个网址	<a href="a.html">…</a> <a href="http://www.baidu.com">…</a>
title	鼠标指向链接时，所显示的信息	<a href="a.html" title="信息">…</a>

7. 绝对路径和相对路径

在网页文档内引用一个文件时，需要指出文件的路径，这个路径可以是网络资源，也可以是本地计算机上的文件资源。

（1）绝对路径

从协议开始的 URL 地址或从驱动器名称开始的本地文件路径都称为绝对路径。如 http://www.sina.com.cn 或 d:\1\1.html。

（2）相对路径

从文本存储位置开始的路径称为相对路径。

【注意】

① 如果源文件和引用文件在同一个目录里，直接写引用文件名即可。

② "../"表示源文件所在目录的上一级目录，"../../"表示源文件所在目录的上上级目录，依此类推。

③ 引用下级目录的文件，直接写下级目录文件的路径即可。比如在站点文件夹中有主页文件 index.html 和图片文件夹 images，index.html 文件中使用了 images 文件夹中的 1.jpg 图片文件，那么图片 1.jpg 相对于 index.html 的路径就是 images\1.jpg。

8. 图像标签

作用：在页面中插入图像或视频文件（如 avi 等）。图片格式可以为 GIF、JPG 和 PNG。

格式：<img>。

常用属性：如表 1-8 所示。

表 1-8 <img>标签属性

属性名称	功能	示例
src	指定插入图片的名称或路径	<img src="a.gif"> 或者 <img src="images/a.gif">
alt	替换文本，当浏览器不能显示图片时，在鼠标指向图片时，或图像加载时间过长时，所显示的文本	<img src="images/a.gif" alt="这是一朵花！">

属性名称	功能	示例
width	指定图像宽度,单位是像素	＜img src＝"images /a. gif" width＝"100" height＝"200"＞
height	指定图像高度,单位是像素	
border	指定图像的边框,默认为 0	＜img src＝"images /a. gif" border＝"3"＞

9. 表格标签

作用:表格是最基本的网页布局的技术。

表格中的主要标签如表 1-9 所示。

表 1-9　表格的主要标签

标签	描述
＜table＞…＜/table＞	表示整个表格的开始、结束
＜caption＞…＜/caption＞	用来设置整个表格的标题,表格中可不用此标签
＜tr＞…＜/tr＞	代表表格中的一行
＜td＞…＜/td＞	代表单个普通的单元格,此标签必须放在一对＜tr＞标签内
＜th＞…＜/th＞	用于定义表头单元格,单元格中的文字将以粗体显示,此标签必须放在一对＜tr＞标签内,在表格中也可以不用此标签

格式:

```
<table>
<caption>表格标题</caption>
<tr>
<th>第 1 列标题</th>
<th>第 2 列标题</th>
…
</tr>
<tr>
<td>第二行的第一个单元格</td>
<td>第二行的第二个单元格</td>
…
</tr>
…
</table>
```

＜table＞标签的主要属性:如表 1-10 所示。

表 1-10 ＜table＞标签主要属性

＜table＞标签的主要属性	描述
border	表格边框的宽度(以像素为单位);若不设置此属性,则边框宽度默认为 0,即不显示边框线
bordercolor	表格边框颜色
background	设置表格的背景图片
bgcolor	设置表格的背景颜色
width	表格宽度。可用像素值,也可用百分比(占浏览器窗口的百分比)
height	表格高度。可用像素值,也可用的百分比
align	表格在页面的水平位置。取值为:left、right、center。默认为左对齐

＜tr＞标签的主要属性:如表 1-11 所示。

表 1-11 ＜tr＞标签的主要属性

＜tr＞标签的主要属性	描述
align	行内容的水平对齐方式。取值为:left、right、center。默认为左对齐
valign	行内容的垂直对齐方式。取值为:top、middle、bottom。默认为中间
height	行高,可用像素值或表格高度的百分比来表示
title	鼠标指向该行时,显示的提示信息
bgcolor	行的背景颜色
bordercolor	行的边框颜色

＜td＞和＜th＞标签的主要属性:如表 1-12 所示。

表 1-12 ＜td＞和＜th＞标签的主要属性

＜td＞和＜th＞标签属性	描述
align	单元格内容的水平对齐方式。取值为:left、right、center。默认为左对齐(若与＜tr＞标签的属性冲突时,以单元格自身的设置为主)
valign	单元格内容的垂直对齐方式。取值为:top、middle、bottom。默认为中间(若与＜tr＞标签的属性冲突时,以单元格自身的设置为主)
width	单元格的宽度,可用像素或表格宽度的百分比来表示
height	单元格的高度,可用像素或表格高度的百分比来表示
bgcolor	单元格的背景颜色
bordercolor	单元格的边框颜色

[例 1-5. html]

```
<html>
<head>
<title>1-5</title>
</head>
<body>
<table width = "300" align = "center"cellpadding = "0" cellspacing = "0" bor-
der = "1" >
    <tr>
        <td align = "center"><img src = "images/1. jpg" width = "200" height = "
100"></td>
        <td align = "center"><img src = "images/2. jpg" width = "200" height = "
100"></td>
        <td align = "center"><img src = "images/3. jpg" width = "200" height = "
100"></td>
    </tr>
    <tr>
        <td align = "center"><a href = "#">点击看大图</a></td>
        <td align = "center"><a href = "#">点击看大图</a></td>
        <td align = "center"><a href = "#">点击看大图</a></td>
    </tr>
</table>
</body>
```

</html>浏览效果如图 1-10 所示。

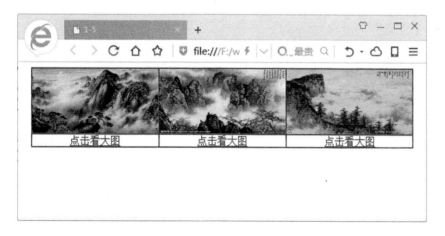

图 1-10 超链接、图片和表格

任务实施：

（1）编辑如下代码。

```
<html>
<head>
<title>HTML 语言练习</title>
</head>
<body  background = "15055912. jpg">
<H2  align = "center">关于组织 2016 年春游活动的通知  </H2>
<p align = "right">发布时间:2016-05-24 15:10       </p>
<hr  color = "#990000"size = "1"/>
<p><ahref = "#">附件.rar</a>         <a
href = "#">月季洲际大会官网</a></p>
<p> <font size = "20" face = "微软雅黑">各</font>分工会、工会小组:为
增强学院的凝聚力,让教职工在工作之余放松身心、愉悦心情,院工会将统一组织春游活
动,现通知相关事宜如下:</p>
<p>一、春游时间: 2016 年 5 月 27 日(周五)下午 </p>
<p>二、参加人员:学院在编与非编工会会员 </p>
<p>三、活动内容:参观游览 2016 年世界月季洲际大会</p>
<p>四、交通安排:中午 12:40 在校区行政楼门口集体乘车前往;15:30 集体乘车
返回学院坐班车。</p>
<p>五、自驾地址:大兴区魏善庄镇</p>
<p align = "center"><img src = "add. JPG" alt = "" width = "259" height = "
256" align = "center" /></p>
<p>六、相关要求 </p>
<ul>
    <li>请各工会小组对参加活动教师做好安全教育,活动时务必注意安全(具体
安全预案见附件)。</li>
    <li>因涉及订票和租用车辆,请各工会小组于 5 月 25 日(周三)下午 14:00 前上
报参加人数,电话、QQ 报名即可。</li>
    <li>请各个系部组织本部门员工乘坐指定车辆。如下表所示:</li>
</ul>
<table width = "500" border = "1" align = "center"cellpadding = "0" cellspac-
ing = "0">
    <tr>
        <tdbgcolor = "#99CC99"><strong>系部</strong></td>
        <tdbgcolor = "#99CC99"><strong>车号</strong></td>
```

```
  </tr>
  <tr>
    <tdbgcolor="#D0FFFF">法律系</td>
    <tdbgcolor="#D0FFFF">1号车</td>
  </tr>
  <tr>
    <tdbgcolor="#D0FFFF">安防系</td>
    <tdbgcolor="#D0FFFF">2号车</td>
  </tr>
  <tr>
    <tdbgcolor="#D0FFFF">党委办公室</td>
    <tdbgcolor="#D0FFFF">3号车</td>
  </tr>
  <tr>
    <tdbgcolor="#D0FFFF">后勤</td>
    <tdbgcolor="#D0FFFF">4号车</td>
  </tr>
</table>
<p> </p>
<hr  color="#990000"size="1"/>
<p align="right">联系人:唐老师        联系电
话:69266668 <br />
  院工会                         2016年5月24日 </p>
</body>
</html>
```

（2）将文件保存成 index. html。

（3）在保存路径文件夹中打开 index. html 文件,效果如图 1-5 所示。

【注意】

标签在书写的时候,如果是成对出现的标签,建议先把开始和结束标签都写完,然后再在标签中输入相应内容,这样不容易遗漏。因为还没有讲解 Dreamweaver 软件的使用方法,因此在本次任务中,暂时使用记事本对标签进行编辑,在软件 Dreamweaver 中编辑标签的时候有智能提示功能,在书写代码时更省时省力。

项 目 总 结

本项目展示了几个经典的网站的页面,并使用 HTML 语言制作了一个简单的网页,虽然该网页使用 Dreamweaver 软件可以轻松制作出来,但仍需要掌握 HTML 的基本语法,有利于后面项目的学习。

自 我 评 测

一、选择题

1. 下列属于静态网页中内容的有( ),属于动态网页中内容的有( )。

A. HTML 标签　　　　　　　　　B. JavaScript 脚本

C. 图片　　　　　　　　　　　　D. 文本　　　　　　　　　　　E. 服务器端脚本

2. 可以用来制作网页的动态特效,如飘动广告、弹出菜单等的是( )。

A. HTML 标签　　　　　　　　　B. JavaScript 脚本

C. 服务器端脚本　　　　　　　　D. 其他

3. 标签是 HTML 中的主要语法,大多数标签是_____出现的。

4. 我们把 HTML 文档分为_____和_____两部分。_____部分就是我们在 Web 浏览器窗口中的内容,而_____部分用来规定文档的标题(出现在 Web 浏览器窗口的标题栏中)和文档的一些属性。

5. <body>标签中的 background 属性用于指定 HTML 文档的_____,text 属性用于指定 HTML 文档中_____的颜色,_____属性用于指定 HTML 文档的背景图片。

6. 当<p>和</p>标签使用时,可以添加 align 属性,用以标识段落在浏览器中的_____。align 属性的参数值为_____、_____和_____之一,分别表示<P></P>标签所括起的段落位于浏览器窗口的左侧、中间和右侧。

7. 运行 HTML 文档时,和之间的内容将显示为_____文字,<i>和</i>之间的内容将显示为文字,<u>和</u>之间的内容将显示为_____文字。

8. 图像标签中的 align 属性的参数值为 top、middle 或 bottom 之一,分别表示与图像相邻的文字位于图像的_____、_____和_____。

二、简述题

1. 简述域名和虚拟主机。

2. 简述网站的工作原理。

项目二　初识 Dreamweaver CS5

学习目标

熟悉 Dreamweaver CS5 的安装与运行；
熟悉 Dreamweaver CS5 的工作界面；
掌握创建和管理本地站点的方法；
掌握使用文件面板管理站点的方法；
熟悉使用 Dreamweaver 创建简单网页的流程。

任务一　安装运行 Dreamweaver CS5

 任务描述：

Dreamweaver 有安装版和绿色版，本任务安装绿色版并运行该软件。

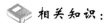 **相关知识：**

AdobeDreamweaver 是属于 Adobe 公司的一款网页制作软件，在制作网页的过程中，配合 Adobe Flash 和 Adobe Photoshop 两款软件来使用，其中的 Flash 用来制作矢量动画，Photoshop 用来制作网页图像，Dreamweaver 可以将各种素材的集成为网页并发布网站。

Dreamweaver 采用"所见即所得"的编辑方式。它不仅具有网页设计的功能，还具有强大的编程功能，用户无论是习惯手写代码还是在可视化编辑环境中制作页面，Dreamweaver 都会为用户提供有效的编辑界面。

 任务实施：

（1）双击 Dreamweaver CS5 绿色版文件夹中的安装文件，弹出安装界面，如图 2-1 所示，之后进入安装状态，如图 2-2 所示，安装完成后如图 2-3 所示。

图 2-1　安装界面

图 2-2　安装过程中

图 2-3　安装完成

（2）双击桌面上的快捷方式图标 ，进入 Dreamweaver CS5 初始界面，如图 2-4 所示。

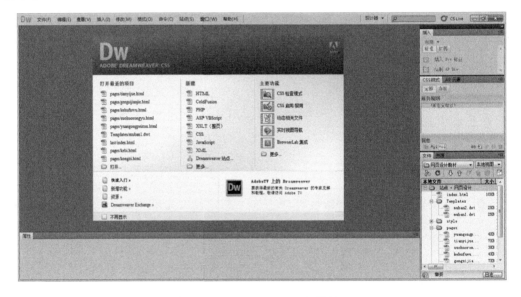

图 2-4　Dreamweaver CS5 初始界面

（3）选择【新建】栏中的【HTML】，即可进入 Dreamweaver CS5 的工作界面。

任务二　制作自己的 Dreamweaver CS5 的工作界面

任务描述：

本任务制作符合自己习惯的个性窗口，编辑区显示【拆分】视图，调整浮动面板组部分面板的位置，隐藏编辑区下面的属性面板，如图 2-5 所示。

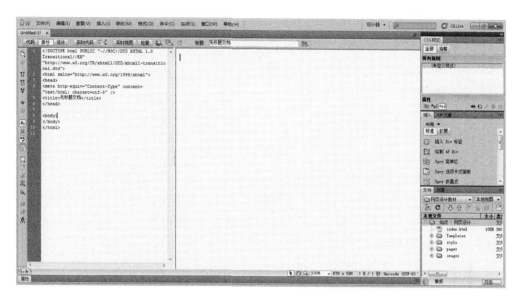

图 2-5 布置 Dreamweaver CS5 的工作界面

相关知识：

1. Dreamweaver CS5 的界面

DreamweaverCS5 的界面主要由以下几部分组成：菜单栏、文档编辑区、属性面板、浮动面板组。

各个区域对应的位置如图 2-6 所示。

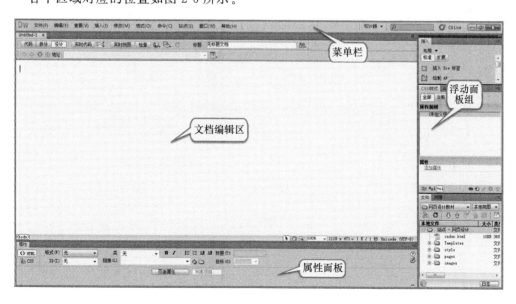

图 2-6 Dreamweaver CS5 的工作界面

21

2. Dreamweaver CS5 的菜单栏

菜单栏位于软件窗口的最上端,Dreamweaver CS5 工作界面中的几乎所有的操作在菜单栏里的菜单选项中都能找到。

3. Dreamweaver CS5 的文档编辑区

Dreamweaver CS5 的文档编辑区是制作网页的区域,网页的元素插入到编辑区后,进行编辑。

在编辑区的左上角,显示网页文件的名称,默认的是 Untitled-n(n 代表数字),如果名称后有"*",表明该网页文件发生了修改却没有保存,保存后"*"消失。

文件名称下有三个按钮,依次是 代码 、 拆分 、 设计 ,默认选中的是【设计】按钮。三个按钮分别对应着编辑区的三种工作状态代码视图、设计视图和拆分视图。在设计视图中实现可视化的设计方式;在代码视图中可以通过修改 HTML 代码的方式修改网页,如图 2-7 所示;在拆分视图中能同时使用代码视图和可视化视图,如图 2-8 所示。

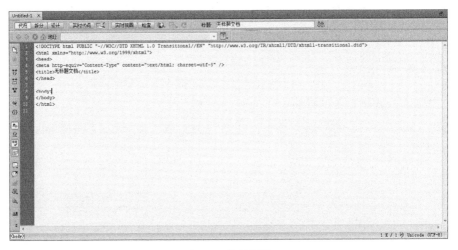

图 2-7　代码视图

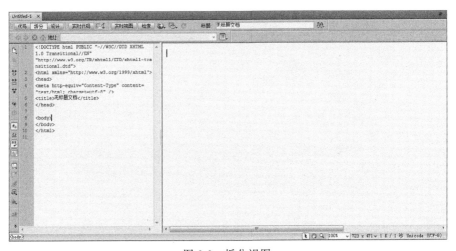

图 2-8　拆分视图

按钮 实时视图 ,可以不使用浏览器直接在 Dreamweaver 中预览网页。预览完成之后要关闭该按钮,否则无法继续对网页进行编辑。

按钮 ,用来设置浏览器信息,单击后弹出如图 2-9 所示菜单,在菜单中选择网页用哪种浏览器浏览。

图 2-9　浏览器信息对话框

单击菜单中的【编辑浏览器列表】选项,弹出【首选参数】对话框,在该对话框中通过 和 添加或删除浏览器,并能定义主浏览器与次浏览器,如图 2-10 所示。

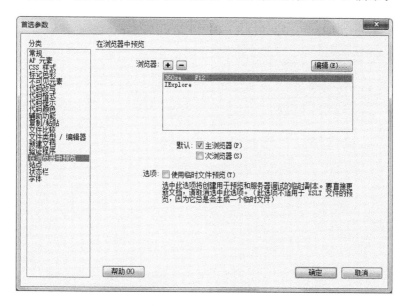

图 2-10　定义浏览器

【标题】文本框 无标题文档 ,输入的信息作为网页的标题栏文本信息。

文档窗口的最下端是状态栏,状态栏左侧为标签选择器,通过选择标签选择器能方便地选中文档编辑区的内容。在编辑区中输入一段文字,光标定位到文字中,就可以单击标签选择器中的<p>标签 <body> <p> 选中该段文字。

状态栏右侧的按钮依次为选取工具、手型工具、缩放工具、设置缩放比例、窗口大小、网页的下载速度和时间以及编码的方式,如图 1-11 所示。

图 2-11　状态栏右侧选项

23

4. Dreamweaver CS5 中的面板

在文档编辑区的下方有一个属性面板,当选中编辑区中的网页元素时,可以通过属性面板对元素的属性进行简单的设置。如果不需要属性面板,可以单击右上角 弹出对话框,选择【关闭】,即可关闭属性面板。

在整个工作区的右侧有多个面板,称为浮动面板组,分别对应着不同的功能。通过菜单栏中的【窗口】选择显示或隐藏哪些面板,【窗口】菜单中选中选项,如图 2-12 所示,在浮动面板组中都能找到。

当鼠标放到任意浮动面板左上角名称上时,按住鼠标左键拖拽浮动面板,能调整浮动面板的位置,如图 2-13 所示。

图 2-12　窗口菜单　　　　　　　图 2-13　改变浮动面板位置

任务实施:

(1) 打开 Dreamweaver CS5。

(2) 选择【窗口】菜单中的【插入】【文件】和【CSS 样式】选项,取消【属性】选项。

(3) 在浮动面板组区域将【CSS 样式】面板拖拽到【插入】的上方,效果如图 2-5 所示。

任务三 创建和管理本地站点

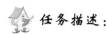 **任务描述：**

本任务创建名称为"我的站点"的本地站点并管理该站点。

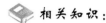 **相关知识：**

1. 站点

站点是一组具有共享属性（如相关主题、类似的设计或共同目的）的链接文档和资源。在 Dreamweaver 中，站点是指本地或远程的某个存储位置，即一个文件夹，站点里需要的所有的资源按照一定的规则存放在站点文件夹中。

Dreamweaver 站点提供了一种方法，可以组织和管理站点中所有的文件。在制作网页之前，要创建一个本地站点，将所有的网页文件及用到的所有网页素材（如图片、动画、视频等）存放在该站点下，即存放在本地的某个目录下，以便于对这些文件进行管理。

Dreamweaver 提供了三种常用的站点：本地站点、远程站点和测试站点。其中，本地站点是存放在本地计算机硬盘上的站点，一般是将本地计算机作为服务器进行测试时使用的站点；远程站点是存放在远程服务器上的网站站点，也就是将在本地站点测试好的网站文件上传到远程服务器上的文件存放位置；测试站点是为了测试动态网页的站点。本书主要介绍静态网页的制作，因此不涉及测试站点。

2. 站点的规划原则

（1）站点文件夹及其中所有的文件夹和文件都用英文命名。

（2）在站点文件夹中建立 images、pages、flash 和 style 等文件夹，分别存放站点中用到的图片、子页面、Flash 动画和样式表文件，将所有的文件进行分类存放。

（3）主页用 index.html 命名，直接存放在站点根目录下。

站点的结构如图 2-14 所示。

图 2-14 站点的结构

 任务实施：

（1）在本地计算机的任意位置新建一个名称为 web 的文件夹，并在 web 文件夹中新建两个文件夹，分别命名为 images 和 pages，在 images 文件夹中放入两张图片，如图 2-15 所示。

图 2-15　站点文件夹及子文件夹

（2）在 Dreamweaver CS5 中选择菜单栏【站点】|【新建站点】，打开站点定义对话框，在该对话框中的【站点名称】文本框中输入站点的名称"我的站点"，【本地站点文件夹】文本框浏览选择刚才建立的站点文件夹 web，如图 2-16 所示。

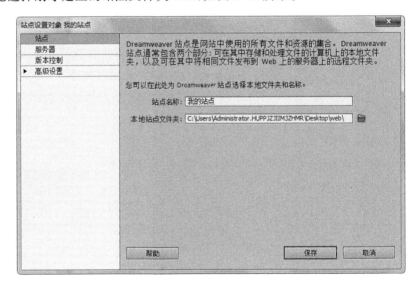

图 2-16　站点定义对话框

（3）单击【保存】按钮，站点建立完成。在 Dreamweaver 右侧的文件面板中查看新建的站点信息，如站点名称、站点结构、站点所在位置等，展开 images 文件夹，还可以看到文件夹中存放的两张图片文件，如图 2-17 所示。

（4）选择菜单栏【站点】|【管理站点】选项，打开【管理站点】对话框，如图 2-18 所示。

（5）选择"我的站点"，单击【编辑】按钮，重新打开图 2-16 所示站点定义对话框，可以重新修改站点的名称以及站点文件夹的位置。

26

图 2-17　文件面板中的站点　　　　　　　图 2-18　【管理站点】对话框

（6）选择"我的站点"，单击【复制】按钮，即可对选择的网站进行复制操作，如图 2-19 所示。

（7）选择"我的站点"，单击【删除】按钮，会弹出一个信息框，如图 2-20 所示，如果确实要删除选择的站点，就单击【是】按钮，即可永久性地删除站点。

图 2-19　复制站点　　　　　　　　　图 2-20　删除站点提示信息

任务四　使用文件面板管理站点文件

 任务描述：

本任务在文件面板中对"我的站点"进行管理。

 相关知识：

在制作网页的过程中，经常需要对文件和文件夹进行一些操作，如改变文件或文件夹的位置、复制、删除和重命名等，所有的操作一定要在文件面板中进行，不能在操作系统中进行，否则一些相关的链接信息就会丢失。在操作过程中会弹出更新对话框，一定要选择【更新】，那么站点中的相关链接就不会丢失。

27

🌱 **任务实施：**

1. 新建文件和文件夹

图 2-21　在文件面板中
新建文件和文件夹

在文件面板中站点根目录的位置【站点】|【我的站点】处右击，选择【新建文件夹】，命名为"style"，继续右击，选择【新建文件】，命名为"1.html"，在 pages 文件夹上右击【新建文件】，命名为"2.html"，选择如图 2-21 所示。

【注意】

如果要对站点中的文件夹或文件重命名，可以在文件面板中对应的名字上单击两次，之后可以进行重命名，不可以在操作系统文件中重命名，否则会丢失对应的链接。

2. 文件的移动

在 1.html 文件上按住鼠标左键，将其拖拽到 pages 文件夹中，弹出【更新文件】对话框，如图 2-22 所示，单击【更新】按钮。

图 2-22　更新文件

移动和更新后的文件面板如图 2-23 所示。

3. 文件的复制

选中 2.html 文件，使用快捷键【Ctrl＋C】【Ctrl＋V】，复制后的效果如图 2-24 所示。

图 2-23　移动文件后的文件面板

图 2-24　复制文件后的文件面板

4. 文件和文件夹的删除

选中要删除的文件或文件夹,使用【Delete】键删除。

【注意】

对于文件面板中站点文件及文件夹,也可以通过右键弹出菜单的【编辑】选项进行相关的操作,如剪切、删除、复制和重命名等。

任务五　创建第一个网页 index. html

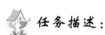 **任务描述：**

在 Dreamweaver 中创建第一个网页 index. html,如图 2-25 所示,通过这个简单页面的创建,掌握网页文件的创建、编辑、保存、预览、打开和关闭等基本操作,以及简单的页面属性的设置。

图 2-25　第一个网页 index. html

相关知识：

1. 创建文档

可以在文件面板对应的位置直接右击选择【新建文件】的方式,直接命名新建的文件,这种方式比较快捷。

也可以选择菜单【文件】|【新建】,打开【新建文档】对话框,选择默认【空白页】|【HT-ML】项,布局选择【无】,单击【创建】即可新建一个空白文档,如图 2-26 所示。

2. 保存文档

保存文档最快捷的方式是用快捷键【Ctrl＋S】,或者选择【文件】|【保存】菜单,打开【另存为】对话框,选择保存位置,在【文件名】下拉文本框中输入文件的名称,在【保存类型】下拉列表中选择要保存的文件类型,最后单击【保存】按钮,如图 2-27 所示。注意主页文件要保存在站点根目录中。

图 2-26　新建 HTML 文件

图 2-27　保存文件

3. 打开文档

直接在文件面板对应的文档上双击,或者选择【文件】|【打开】菜单,打开对应的文件,如图 2-28 所示。

图 2-28　打开文件

4. 关闭文档

文档编辑或修改完毕,可在编辑区左上角文档名称上右击,选择【关闭】菜单,如果想关闭多个文档,打开【全部关闭】菜单,如图 2-29所示。也可以通过菜单【文件】|【关闭所有】关闭所有文件。

5. 预览页面效果

通过按 F12 键在浏览器中预览网页效果,其中会弹出如图 2-30所示对话框,提示用户对网页文件进行保存,选择【是】按钮。

图 2-29　关闭文档

图 2-30　保存页面

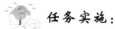任务实施:

(1) 在文件面板的站点根目录上右击,选择【新建文件】,命名为 index. html。

(2) 在 index. html 上双击,打开文件。

(3) 在文档编辑区输入文字"欢迎访问我的站点",在标题后的文本框中输入网页的标题"我的站点",如图 2-31 所示。

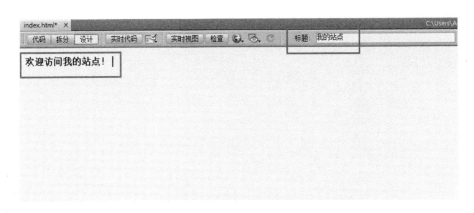

图 2-31　在编辑区输入文本

（4）选择文本，在下面的属性面板里单击加粗按钮，如图 2-32 所示。

图 2-32　文本属性设置

（5）按【Ctrl＋S】键保存网页。

（6）按【F12】键预览，页面显示效果如图 2-25 所示。

项 目 总 结

本项目实现了 Dreamweaver 的安装与运行的过程，介绍了该软件工作界面的结构及各个部分所能完成的基本功能，并完成了指定格式工作界面的制定。之后讲述了站点的概念、如何创建和管理本地站点以及使用文件面板管理站点文件，最后创建了一个简单的页面并预览了页面。这些是任何站点建立之前必需的步骤，有了这些操作，在完成站点的过程中才会提高效率，少走弯路。

自 我 评 测

一、填空题

1. 在 Dreamweaver 中可以认为站点就是一个_____。Dreamweaver 提供了三种常用的站点，有_____、_____和_____。

2. 配合 Dreamweaver CS5 使用的其他两款设计软件有_____、_____。

二、选择题

1. Dreamweaver CS5 的三种视图模式是（　　　）。

A. 代码视图　　　　　B. 拆分视图　　　　　C. 设计视图　　　　　D. 其他

2. 下面哪种视图模式为所见即所得的视图模式？（　　）

A. 代码视图　　　　　B. 拆分视图　　　　　C. 设计视图　　　　　D. 其他

三、操作题

1. 在本地计算机的最后一个盘上，新建一个文件夹 myweb 作为站点根目录，将该文件夹定位为站点，站点名称为"我的空间"，在站点文件夹中搭建网站的目录分类，并在存放图片的文件夹中存入三张图片。

2. 在"我的空间"站点中，新建一个主页，注意命名，页面内容为"Hello World!"，预览该页面。

项目三　网页基本元素的添加

学习目标

掌握制作简单图文网页的方法；

熟悉创建超级链接的方法；

会插入表单控件。

任务一　使用文本、图像、Flash 等基本元素，创建"诗仙李白"主页

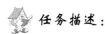 **任务描述：**

制作"诗仙李白"页面，在 Dreamweaver 中提前使用表格搭建好布局，在对应的单元格中插入文本、图片、动画和项目列表等元素，效果如图 3-1 所示。

图 3-1　"诗仙李白"页面

相关知识：

1. 网页的文本及文本编辑

文本是网页最基本的组成元素之一，通过文本获取信息是用户浏览网页时获取信息较为直接和快捷的方式。适当的在网页中使用文本可以准确地表达设计者的意图。

在设计窗口中，通过单击的方式定位光标，在光标处输入文本即可，分段使用【Enter】键，换行使用快捷键【Shift＋Enter】，在文本之间插入一个空格，只需按空格键即可。如果插入多个空格，可以使用快捷键【Ctrl＋Shift＋空格】。

选中要设置属性的文本后，在属性面板中可以对文本进行简单的设置，比如标题格式、粗体 **B**、斜体 *I* 和项目列表 等，如图 3-2 所示。文本更多的属性需要使用 CSS 样式来控制，在后续的项目四中会用到。

图 3-2　文本的属性面板

2. 网页的图像及图像编辑

在网页中使用图片可以使网页的内容丰富多彩，形象生动，吸引浏览者。图像可以传递一些文字无法表述的信息。图片也存在不足之处，比如图片占用的空间较大，如果网页中使用了太多的图片，会影响页面的下载速度。因此，在制作网页时，除了把握图片的数量之外，图片的大小一定要控制好，可以使用图片处理工具 Photoshop 来修改图片的大小以达到要求。

目前，网页中常用的图像格式主要有 JPG（Joint Photographic Experts Group，联合图像专家组格式）格式、GIF（Graphics Interchange Format，图像交换格式）格式和 PNG（Portable Network Graphic Format，流式网络图形格式）格式。这三种图片格式的文件较小，在网络上的下载速度很快，而且能够被大多数的浏览器支持，是网页制作中最为常用的图像压缩格式。其中的 GIF 和 PNG 格式，支持背景透明的图片。

通过菜单【插入】|【图像】，打开【选择图像源文件】对话框，按路径选择需要插入的图像，这种方式可以最直观地选择图像，如图 3-3 所示。

【注意】

还有一种更便捷的插入图像方式，选中文件面板中要插入的图像，按住鼠标左键，可以直接从右侧的文件面板拖拽到设计窗口中，前提是清楚要插入图像的名称。

选中图像后，可以在图像的属性面板中设置图像的属性，如图像宽、高、源文件（图像的相对路径）、链接（图像超链接）、替换（鼠标经过图像时图像上显示的文字）、边框、热点、对齐方式等，同文本一样，更多的图像属性需要在 CSS 样式中设置。图像属性面板如图 3-4 所示。

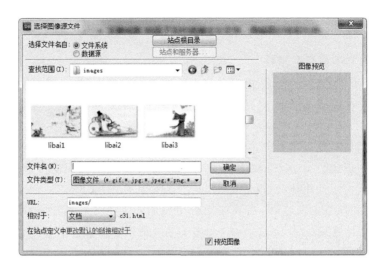

图 3-3 选择图像源文件

图 3-4 图像属性面板

3. Flash

在网页中可以插入多种多媒体对象,如 Flash 动画、Flash 文本、Flash 按钮等,创建更加生动的多媒体网页。Flash 动画可以直接从右侧的文件面板中直接拖拽到设计窗口中,或者通过【插入记录】|【媒体】|【Flash】菜单项的方式插入。

任务实施:

(1) 打开资源文件夹 resource,将 c3 中的 task01 文件夹复制到本地设为站点文件夹。

(2) 打开 index.html,编辑区如图 3-5 所示。

(3) 光标定位到区块"1"中,删除数字"1",选中右侧文件面板中 Flash 文件夹中的 banner.swf,拖拽到区块"1"中,完成 Flash 的插入,如图 3-6 所示。

(4) 光标定位到区块"2"中,删除数字"2",在区块"2"中输入文本,在区块"3"中删除数字并插入图片 libai.jpg,选中该图片,将属性面板的边框设置为"1",如图 3-7 所示。

(5) 光标定位到区块"4"中,删除数字"4",选择菜单【插入】|【HTML】|【水平线】,选中水平线,在属性面板设置宽为"95%",在区块"5"中输入文本,如图 3-8 所示。

(6) 在区块"6"和"7"中,输入文本并分段,之后分别选中"6"和"7"中的文本,单击属性面板的项目列表按钮 ,将它们设置为项目列表;在区块"8""9""10""11"中,分别插入图片 libai1.jpg、libai2.jpg、libai3.jpg 和 libai4.jpg;在区块"12"中输入文本,选择菜单【插入】|【HTML】|【特殊字符】|【版权】,插入版权符,如图 3-9 所示。

图 3-5　"诗仙李白"网页框架

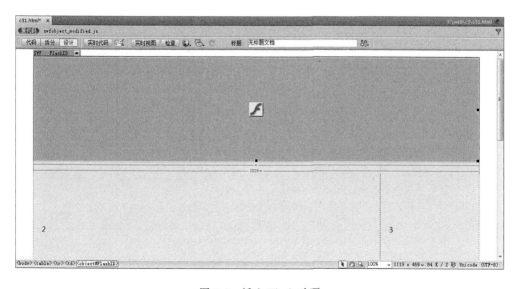

图 3-6　插入 Flash 动画

（7）按【Ctrl＋S】键保存文件，按【F12】键预览，效果如图 3-1 所示。

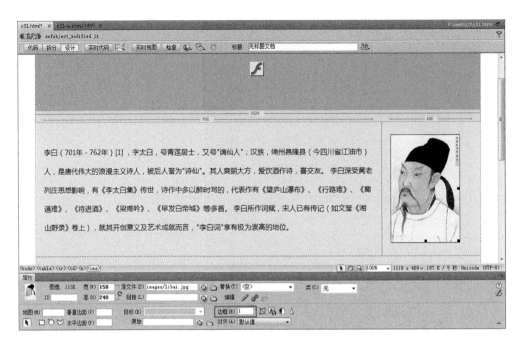

图 3-7　添加文本和图片并设置图片属性

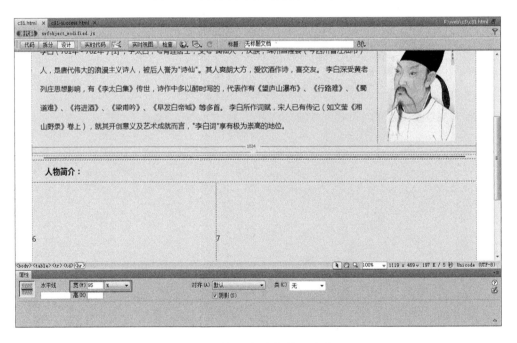

图 3-8　插入水平线、输入文本

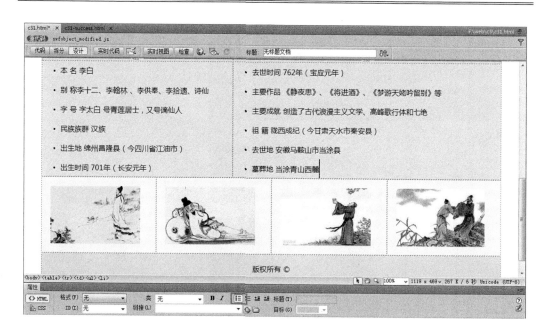

图 3-9　插入项目列表、图片和版权符

任务二　使用不同类型的超链接制作"月季的种类"页面

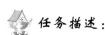 **任务描述：**

在"月季的种类"页面里，导航栏中的"切花月季""丰花月季""食用玫瑰""微型月季"为锚点链接，链接到本页对应的位置，导航栏的其他链接为空链接；页面中切花月季对应的"更多"链接到站内网页上；图片对应的链接目标是站内图片；页面最下端的友情链接目标位置是站外世界月季洲际大会的主页（http://www.rosebeijing2016.org/cn/）。各种链接及目标位置如图 3-10 所示。

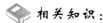 **相关知识：**

1. 超链接

网站是通过超链接将各个相关的页面和文件结合在一起的。所谓超链接就是浏览者可以通过单击来访问网页或其他元素。在网站中使用超级链接使浏览者可以更灵活地访问各页面。

2. URL

统一资源定位器（Uniform Resource Locator，URL）也称网址，可以表示 Internet 上任何一个文档甚至文档内部的某个点，也可以是 Internet 上的一个站点。

39

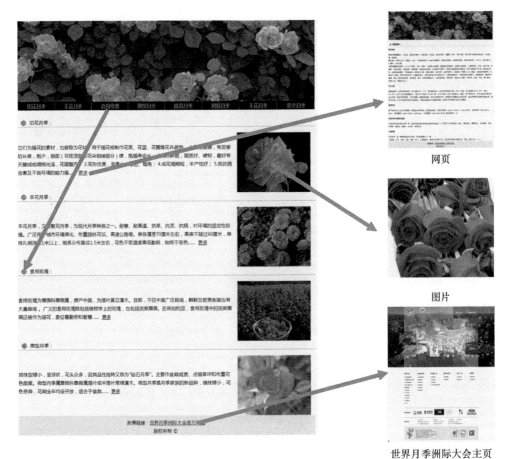

网页

图片

世界月季洲际大会主页

图 3-10　超链接

3. 超链接的路径

超链接路径分为绝对路径和相对路径。

网页制作过程中如果需要引用本地资源，那么需要使用相对路径，相对路径可以方便地对网站文件进行移植，无须更改各页面的链接。因此需要养成正确建立站点的好习惯，网站中用到的所有资源分类存放在站点中。

4. 超链接的分类

超链接按照目标位置来分有三种：站外链接、站内链接和页内链接（锚点链接），其中，链接到其他网站的链接称为外部链接，链接到站点内部某个文件的称为站内连接；当页面内容较多较长的时候，需要在页面内进行跳转，这种链接称为页内链接（锚点链接）。

5. 超链接的设置

设置超链接首先要选中超链接文本或图片，通过属性面板中的"链接"来设置，如图 3-11 所示。

图 3-11　设置超链接

单击按钮 📁，打开【选择文件】对话框，可以通过路径选择超链接的目标文件，如图 3-12 所示。

图 3-12　选择文件

也可以通过鼠标左键按住指向文件按钮 ⊕，出现的指针指向文件面板的目标文件，如图 3-13 所示。

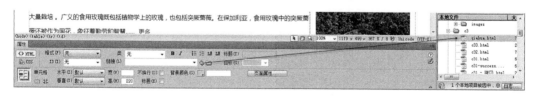

图 3-13　指向超链接目标文件

如果需要超链接的形式，但是暂时没有超链接的目标文件，可以在属性面板的链接中输入"♯"，表示该超链接为空链接。

6. 取消超链接

设置过超链接的文本，如果要取消链接，可按以下两种方法操作。

方法一：选中超链接文本，右击打开快捷菜单，选择【移除链接】。

方法二：选中超链接文本，将【属性】面板中的【链接】文本框中的内容删除。

任务实施：

(1) 打开资源文件夹 resource，将 c3 中的 task02 文件夹复制到本地设为站点文件夹，打开 index.html 页面。

(2) 光标定位到页面中的"切花月季"文字的后面，选择菜单【插入】|【命名锚记】，弹出【命名锚记】对话框，在"锚记名称"里，输入锚记名称"a1"如图 3-14 所示；插入完成后，"切花月季"文字的后面出现一个锚记图标，如图 3-15 所示。

图 3-14　锚记名称

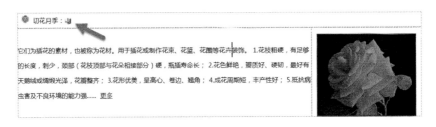

图 3-15　锚记图标

(3) 选中导航栏的"切花月季"，在属性面板的链接里，输入"♯a1"，如图 3-16 所示。

图 3-16　链接到锚记

(4) 同样的步骤，将页面中的"丰花月季""食用玫瑰""微型月季"文本后依次插入名称为"a2""a3""a4"命名锚记，在导航栏中依次选中"丰花月季""食用玫瑰""微型月季"，在属性面板的链接中依次输入"♯a2""♯a3""♯a4"。

(5) 依次选中导航栏的其他项，在属性面板的链接中输入"♯"，代表空链接，属性面板如图 3-17 所示。

图 3-17　空链接

(6) 选中"切花月季"简介后的"更多"，在属性面板的链接中使用指向按钮指向 pages 文件夹中的 qiehua.html，如图 3-18 所示。

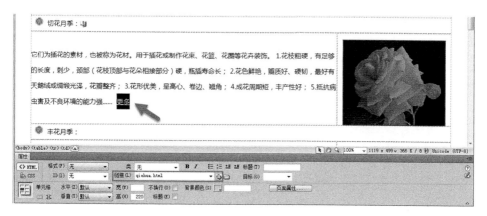

图 3-18 文本超链接

（7）选中"切花月季"简介后的图片，在属性面板的链接中使用指向按钮指向 images 文件夹中的 qiehua.jpg，如图 3-19 所示。

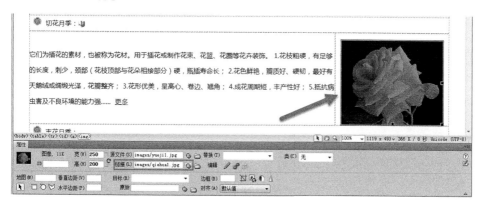

图 3-19 图片超链接

（8）选中页面下端的"世界月季洲际大会官方网站"，在属性面板的链接输入网址 http://www.rosebeijing2016.org/cn/，如图 3-20 所示。

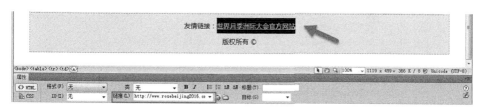

图 3-20 链接到站外网页

【延伸阅读】

除了整张图片可以做链接外，也可以对图片的某一部分做链接，这样，一张图片就可以有多个超链接。使用热点工具可以完成热点超链接的设置，可以选择的热点区域有矩形、圆形和不规则图形。例如，选中 Banner 图片，在属性面板左下角可以看到三个热点工具，选择后，可以在图片上绘制多个热点区域，每个热点区域都可以作为一个单独的超链接，如图 3-21 所示。

图 3-21　热点区域的创建

任务三　使用表格和表单控件制作"网站通行证"注册页面

 任务描述：

使用表格制作"网站通行证"注册页面，页面使用表格进行布局，在表格里面插入一些表单控件，如文本框、按钮和复选框等，效果如图 3-22 所示。

图 3-22　"网站通行证"注册页面

相关知识：

1. 表格

表格是网页制作的一个重要组成部分。表格可以使网页上的内容排列整齐,让浏览者对表格中要表达的数据一目了然。在当前流行的 CSS＋DIV 页面布局出现之前,网页制作主要使用表格布局,虽然表格布局已经不是主流的布局方式,但在一些页面制作过程中也经常会用到表格。

2. 插入表格

选择菜单【插入记录】|【表格】,打开【表格】对话框,如图 3-23 所示。

图 3-23　【表格】对话框

在该对话框中,【行】【列】和【表格宽度】分别用来设置表格的行数、列数和宽度;【边框粗细】用来设置表格边框的宽度;【单元格边距】用来设置单元格边框与单元格内容之间的距离;【单元格间距】用来设置相邻单元格之间的距离。

3. 设置表格属性

选中已插入的表格,在【属性】面板中就会显示出该表格的相关属性,如图 3-24 所示。

图 3-24　表格的属性设置

在【属性】面板中,可以重新设置表格的行数、列数、宽度、填充、间距和边框,除此之外,还可以通过【对齐】中的下拉菜单选择表格和浏览器的对齐方式,更多表格属性的设置,可以通过 CSS 样式来进行。

4. 选择表格

选择表格是编辑表格的前提,选择表格后表格的周围会出现一个黑色边框,并且在右边框、下边框和右下角均会出现黑色的方型控制点,如图 3-25 所示。

图 3-25　选择表格

选择表格有三种常用的方法。

方法一:将光标定位在表格的任意单元格中,单击窗口底部的标签选择器中与该表格对应的<table>标签 `<body><table>` 即可选中该表格。

方法二:将光标移至表格外部靠近表格时,等光标变为表格和箭头的组合形状时单击鼠标左键即可选中该表格。

5. 删除表格

选中要删除的表格,使用键盘上的 Delete 键删除;

6. 单元格属性

光标放到某个单元格中,就可以在属性面板中设置单元格的属性,如图 3-26 所示。

图 3-26　单元格的属性设置

其中,【水平】对齐方式有"左对齐""居中对齐""右对齐"三种方式,默认是"左对齐";【垂直】对齐方式有"顶端""居中""底部""基线"四种方式,默认是"居中"对齐,这两个属性用来设置单元格中的内容与单元格的对齐方式。【宽】和【高】用来设置单元格的宽度和高度;【背景颜色】用来设置单元格背景颜色。

7. 单元格的合并

方法一:选中要合并的若干个单元格,右击打开快捷菜单,选择【表格】|【合并单元格】。

方法二:选中要合并的若干个单元格,在属性面板左下角选择【合并所选单元格,使用跨度】按钮。

8. 单元格的拆分

方法一:选中要拆分的单元格,右击打开快捷菜单,选择【表格】|【拆分单元格】即可打开【拆分单元格】对话框,选择"行"或"列",并在下面文本框中输入具体的行数或列数,单击【确定】按钮即可,如图 3-27 所示。

方法二:选中要拆分的单元格,在属性面板左下角选择【拆分单元格为行或列】按钮,可拆分所选单元格。

图 3-27　【拆分单元格】对话框

9. 表单及表单控件

表单在网页中主要负责数据采集功能，包含了文本框、密码框、隐藏域、多行文本框、复选框、单选框、下拉选择框、文件上传框和按钮等控件。所有的控件都应该放到表单里，提交信息的时候以表单为单位进行提交。

10. 插入表单控件

选择菜单【插入】|【表单】，菜单里有所有的表单控件如图 3-28 所示。

图 3-28　表单控件

11. 文本域和文本区域

在文本域和文本区域里可以输入文本信息，文本域是表单中使用较频繁的控件，常见的用来输入用户名和密码的控件就是文本域，如图 3-29 所示；文本区域就是多行的文本域，在文本区域里，可以输入多行文本信息。

12. 复选框和单选按钮

复选框是一次可以选择多项的控件，单选按钮一次只能选择一项，如图 3-29 所示的"兴趣爱好"和"性别"对应的控件。

13. 选择(列表|菜单)

选择(列表|菜单)可以通过下拉菜单的形式选择，如图 3-29 所示的"城市"对应的控件。

14. 文件域和按钮

文件域控件主要用来上传文件,可以通过浏览的方式选择要上传的文件,如图 3-29 所示的"上传照片"对应的控件;按钮用来提交整个表单的信息,如图 3-29 所示的"提交"按钮和"重写"按钮。

图 3-29　各种表单控件

 任务实施:

(1) 打开资源文件夹 resource,将 c3 中的 web1 文件夹复制到本地,将该文件夹设为站点,双击打开主页 index.html。

(2) 选择【插入记录】|【表格】菜单项,打开【表格】对话框,设置表格的属性,如图 3-30 所示,插入如表格后,选中表格,在属性面板的【对齐】选择【居中对齐】选项,效果如图 3-31 所示。

图 3-30　插入表格

(3) 合并第一行的三个单元格、第二行的后两个单元格、第六行的三个单元格和第七行的三个单元格,如图 3-32 所示。

(4) 在对应的单元格中插入图片和文本,如图 3-33 所示。

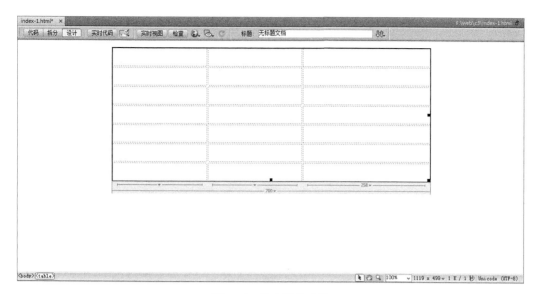

图 3-31　居中后的表格

图 3-32　合并后的表格

图 3-33　插入文本和图片后的表格

（5）选择菜单【插入记录】|【表格】|【文本域】，在手机号码对应的单元格中插入文本域，弹出【输入标签辅助功能属性】对话框，选择【无标签标记】，单击【确定】按钮，如图 3-34 所示，之后弹出对话框，为了代码的简洁，选择【否】，如图 3-35 所示，同样的步骤，依次在"设置密码"后插入文本域控件，在"验证码"后插入文本域和按钮控件，在"同意服务协议"前插入复选按钮控件，在最后一个单元格中插入按钮控件，如图 3-36 所示。

49

图 3-34　输入标签辅助功能属性

图 3-35　是否添加表单标签对话框

图 3-36　插入控件后的表格

（6）选中"设置密码"对应的文本域，在输入密码是应该显示黑色实心圆，如图 3-37 所示，在属性面板的【类型】选择【密码】，如图 3-38 所示，可以实现实心圆效果。

图 3-37　输入密码

图 3-38　设置文本域类型

（7）选中"验证码"对应按钮，在属性面板的【值】中输入"获取"，如图 3-39 所示，按钮上的文本信息变为"获取"。

图 3-39　修改按钮上的文本

（8）光标定位到最后一个单元格中，属性面板的【水平】选择【居中对齐】，如图 3-40 所示，调整单元格中的按钮居中对齐。

图 3-40　设置单元格属性

（9）选中整个表格，在属性面板中将边框值设置为"1"，最终效果如图 3-21 所示。

项 目 总 结

本项目学习在页面中插入了文本、图片、动画等网页元素，并对网页元素的属性进行了编辑的方法；学习了超链接的几种形式：站外链接、站内连接和页内链接；最后学习了表格的插入以及编辑的方法，在表格布局的页面中，插入各种类型的表单控件。

自 我 评 测

一、填空题

1. 网页中常用的图片文件的格式有＿＿＿＿、＿＿＿＿和＿＿＿＿。

2. 超链接路径分为＿＿＿＿和＿＿＿＿，F:\web\image\1.jpg 是＿＿＿＿路径。该文档相对于某存储位置的路径称为＿＿＿＿。

3. 常用的表单控件有＿＿＿＿、＿＿＿＿、＿＿＿＿、＿＿＿＿和＿＿＿＿。

二、操作题

1. 制作如图 3-41 所示页面，在对应的位置上插入文本、图片、Flash 等基本网页元素。

51

图 3-41　操作题 1

2. 使用表格布局制作如图 3-42 所示"会议日程表"页面。

时间	内容		备注
6.6	签到		地点，酒店大堂
6.7	9:00——11:00	开幕式及主题论坛	地点，酒店二楼世纪厅
	12:00——1:00	午餐	地点，酒店一层用餐大厅
	1:30——2:30	专场讨论 1	地点，酒店二楼玫瑰厅
	3:00——4:30	专场讨论 2	
	5:00——6:00	晚餐	地点，酒店一层用餐大厅
6.9	返程		

图 3-42　操作题 2

3. 使用表格布局，在表格中添加表单，制作如图 3-43 所示页面。

图 3-43　操作题 3

项目四　使用 CSS 样式控制页面元素

学习目标

理解 CSS 样式的概念和作用；

掌握利用样式面板创建及编辑 CSS 样式的方法；

能应用 CSS 控制页面元素的样式。

任务一　使用 CSS 设置页面、文本、段落的样式

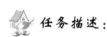 **任务描述：**

使用 CSS 样式，分别对国画网页的页面边距、页面背景、段落样式和文字样式进行控制，具体的设置有：整个页面背景颜色，页面和浏览器的上边距和下边距为"0"；标题"国画简介"，文字的大小、颜色、字体和居中对齐；段落中的第一字"国"字的大小、颜色和字体；两个文字段落的文字大小、颜色、字体和行间距；网页最下方的"版权所有 C"的文字大小、颜色、字体和居中对齐，应用 CSS 样式前后的页面分别如图 4-1 和图 4-2 所示。

图 4-1　添加 CSS 样式前的网页

53

图 4-2　添加 CSS 后的网页

相关知识：

1. CSS 的含义

CSS(Cascading Style Sheet)是层叠样式表的简称。CSS 可以对页面的元素进行属性设置，是多个属性的集合。CSS 是对 HTML 功能的扩充，利用 CSS 能够在网页制作过程中将内容设计与格式设置分离开来，可以简化工作量，使站点的风格保持一致，也便于对站点的维护。CSS 可以理解成网页的"化妆师"。

例如对网页中的某段文字设置样式，有段落文字的大小、颜色和行间距三个属性，那么把三个属性放到一起作为一个集合，给集合一个名称，这个有名称的集合就是一个 CSS 样式。

2. CSS 样式面板

CSS 样式是通过 CSS 样式面板来创建的，在右侧的浮动面板区可以看到 CSS 样式面板，面板分为上下两个部分，其中上半部分是网页中所用到的 CSS 样式的名称，下半部分对应的是每个样式的属性和属性值，例如选择上面样式".img1"，在下面可以看到对应的三个属性和属性的值，如图 4-3 所示。样式面板包括两种显示模式:【全部】模式和【正在】模式，可以通过单击面板顶端的两个按钮实现转换，一般情况都在【全部】模式下设置 CSS 样式。在样式面板的底端，左右两侧分别是两组按钮，面板左下角是三个视图样式的转换按钮 ，分别为【显示类别视图】【显示列表视图】【只显示设置属性】，可根据需要进行转换;面板右下角是四个功能按钮,🔀【附加外部样式表】按钮,可以附件一个外部样式表文件;🔁【新建 CSS 规则】按钮,可以新建 CSS 样式;✏️【编辑样式】,可以对样式进行重新编辑;🚫【启用和禁用 CSS 属性】按钮,可以禁用某个样式的某个属性;🗑️【删除样式】按钮,可以删除样式。在样式名称上双击,可以对样式进行重命名。

图 4-3　CSS 样式面板

3. CSS 的创建与套用

单击【新建 CSS 规则】按钮,进入【新建 CSS 规则】对话框,在对话框里,就可以新建 CSS 样式了,在【新建 CSS 规则】对话框中包括【选择器类型】【选择器名称】【规则定义】三部分,如图 4-4 所示。

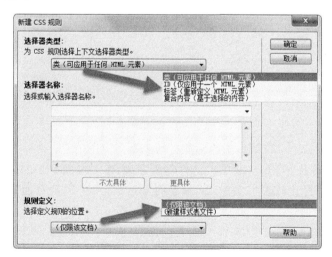

图 4-4　新建 CSS 规则

在【选择器类型】下拉菜单中,包括"类""ID""标签""复合内容"四个选项。

(1)"类"选择器可以设置网页中的文字、图片、表格和表单等多种网页元素的样式,"类"选择器在命名时要以"."开头,如果命名时忘记写".",系统就会默认给该类规则的前面添加上,图 4-3 中的".img1"就是类选择器。

（2）"ID"选择器设置网页中有 ID 的元素的样式。在页面中插入一张图片，选中图片，在属性面板设置 ID 为"Flower1"，如图 4-5 所示，单击【新建 CSS 规则】按钮，在【选择器名称】里直接生成样式的名字"♯Flower1"，如图 4-6 所示。

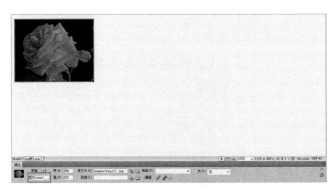

图 4-5　设置图片的 ID

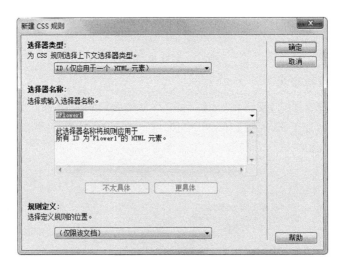

图 4-6　新建样式

（3）"标签"可以对 HTML 中的标签进行重新定义。在【选择器类型】中选中"标签"后，可以在【选择器名称】下拉菜单中选择需要重新定义的 HTML 标签，如图 4-7 所示。在网页制作中，用得比较多的是 body 标签的重定义，用来设置页面的背景、边距和页面的文本属性等。

（4）"复合内容"选择器就是两个或者前面介绍的三种，通过不同方式连接而成的选择器。

4. CSS 的基本语法

CSS 的语法由三个部分构成：选择器、属性和属性的值。

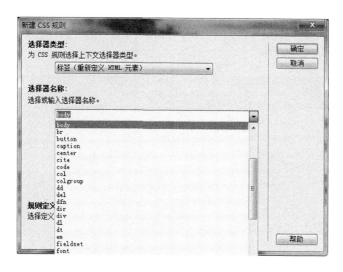

图 4-7 标签选择器

```
选择器名称 {
    属性 1:属性值 1;
        属性 2:属性值 2;
            …
}
```

对于下面的类选择器样式,.img1 为选择器的名称,大括号里的 margin-right、mar-gin-left、和 border 为样式的三个属性,属性后面对应的是属性值,如图 4-8 所示。

```
.img1 {
    margin-right: 20px;
    margin-left: 32px;
    border: 1px solid #CDB589;
}
```

图 4-8 CSS 的语法

5. CSS 样式的位置

根据其位置的不同,CSS 样式表分为行内样式表、内部样式表和外部样式表。

(1)行内样式表是直接嵌入在 HTML 标签中的样式。

(2)内部样式表是嵌入 HTML 代码中的,在【规则定义】中如果选择的是“仅限该文档”,即可创建一个内部样式表文件,这种样式表一般只能服务于当前网页中的元素,生成的代码直接嵌入 HTML 文件的<head>…</head>标签中。

(3)外部样式表可将样式表作为一个单独的文件进行保存,其文件的扩展名为“.css”,这种外部 CSS 文件可以被不同的网页所调用,能够节省存储空间,减少重复性工作,提升页面的下载速度。在【规则定义】处选择“新建样式表文件”,就可以新建一个外部的样式表文件。

图 4-9 中的三段文本分别套用了三种类型的样式表,切换到代码视图,三种样式对应的代码及文件如图 4-10 所示,在图中的代码里,可以看到,"内部样式表"和"外部样式表"的样式".t1"和".t2",分别赋给了段落标签<p>的 class 属性。

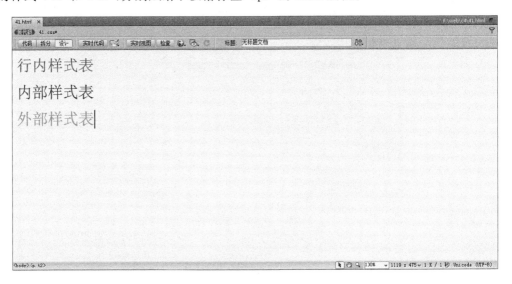

图 4-9　套用三种样式的三段文本

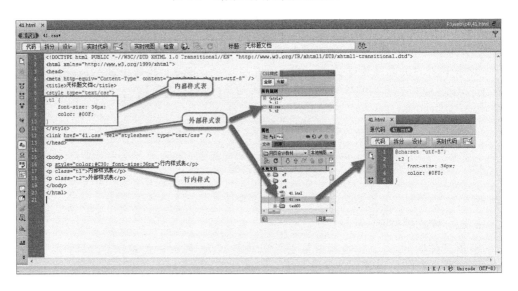

图 4-10　代码视图中的三种样式

6. CSS 的套用

(1) 新建一个网页文件,在文本区输入文字"CSS 样式"并按【Enter】键,单击【新建 CSS 规则】按钮,在菜单中输入类样式的名称,如图 4-11 所示。

(2) 单击【确定】按钮后,在【CSS 规则定义】对话框中,设置属性如图 4-12 所示,其中 Font-size 表示文字的大小,underline 表示下画线,Color 表示颜色。

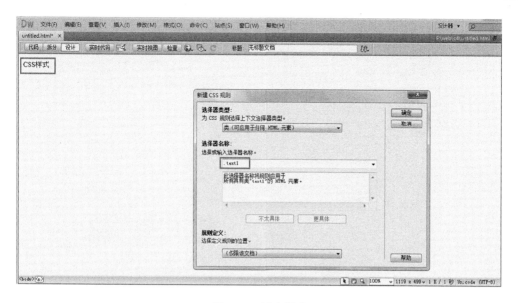

图 4-11　新建样式

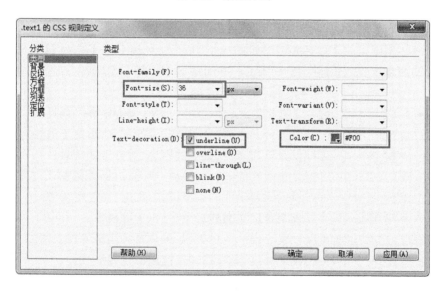

图 4-12　设置样式的属性

（3）单击【确定】按钮，在 CSS 样式出现"类"样式".text1"，通过标签选择器的＜p＞标签选中文本所在段落`<body><p>`，在该样式上右击，选择【套用】，如图 4-13 所示，效果如图 4-14 所示。

【注意】

对于"类"样式，在套用时需要在类样式名称上右击，在弹出的菜单中选择【套用】。其他的三种选择器类型在设置完样式后，样式会直接应用到网页元素上，不需要套用。

图 4-13　套用样式　　　　　　　图 4-14　套用样式后的文本

7. CSS 规则的设置

在【CSS 规则定义】对话框中,如图 4-12 所示,左侧包括【类型】【背景】【区块】【方框】【边框】【列表】【定位】【扩展】等不同的选项,每个选项包括很多属性,具体如下:

在【类型】选项卡中,可以设置字体、字号、颜色、行高、文本修饰等属性;

在【背景】选项卡中,可以设置背景色、背景图及背景的定位、重复等属性;

在【区块】选项卡中,可以设置单词间距、文本的缩进、对齐方式等属性;

在【方框】选项卡中,可以设置元素的高、宽、浮动、填充、边界等属性;

在【边框】选项卡中,可以设置元素周围的边框样式、宽度、颜色等属性;

在【列表】选项卡中,可以设置自定义的列表图片、位置等属性;

在【定位】选项卡中,可以设置元素的定位类型、位置及大小等属性;

在【扩展】选项卡中,可以设置分页、光标样式及使用滤镜等属性。

 任务实施:

(1) 打开资源文件夹 resource,将 c4 中的 task01 文件夹复制到本地并设为站点文件夹。

(2) 打开网页文件 index.html,单击【新建 CSS 规则】按钮,进入【新建 CSS 规则】对话框,在【选择器类型】中选择"标签",【选择器名称】中选择"body",在【规则定义】中选择"新建样式表文件",如图 4-15 所示。

(3) 单击【确定】按钮后弹出【将样式表文件另存为】对话框,选择项目表文件的存放位置为站点里的 style 文件夹,样式表文件的文件名 s1,如图 4-16 所示。

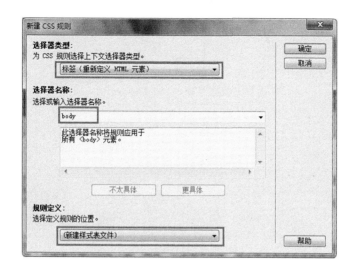

图 4-15　重定义"body"标签

图 4-16　保存样式表文件

【注意】

CSS 样式表文件,只有在新建网页第一个样式的时候需要命名保存,后续的样式会自动保存到该文件中。

(4)单击【保存】按钮进入【CSS 规则定义】对话框,选择【背景】选项,在 Background-color(背景颜色)中,输入背景颜色,如图 4-17 所示。选择【方框】选项卡,在 Padding(填充)和 Margin(边界)区域中,将全部值设置为 0 像素,如图 4-18 所示。

(5)单击【确定】按钮后,整个页面的背景颜色发生变化,页面和编辑器上边界之间的距离消失,这种消失同样体现在浏览器中,如图 4-19 所示。

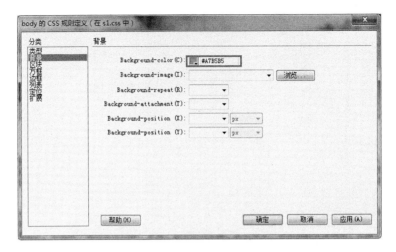

图 4-17　设置"body"标签的【背景】

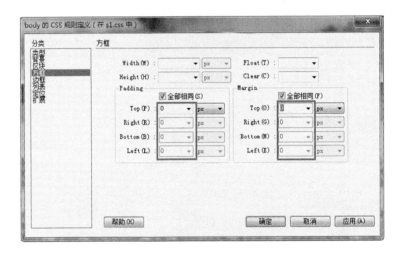

图 4-18　设置"body"标签的【方框】

图 4-19　设置页面的背景和边距

【注意】

由于以上操作是对 HTML 中的标签"body"进行了重新定义,因此属性会自动被运用到网页中去,不需要套用。网页的上、下、左、右边界在默认情况下并不是 0 像素,所以在网页的边缘总会出现少许空白,在上端尤为明显。因此,可以通过重新定义"body"标签,改变这种默认属性。

(6)单击【新建 CSS 规则】按钮,进入【新建 CSS 规则】对话框,在【选择器类型】中选择"类",在【选择器名称】中选择". biaoti1",如图 4-20 所示。

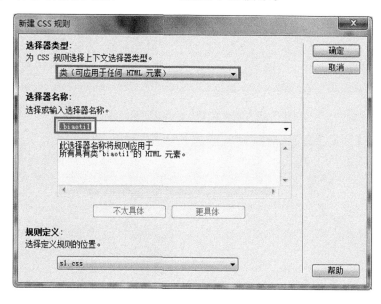

图 4-20 创建类". biaoti1"

(7)单击【确定】按钮进入【CSS 规则定义】对话框,在【类型】选项中,设置 Font-family(字体)、Font-size(字体大小)、Color(字体颜色),如图 4-21 所示;在【区块】选项中设置 Text-align(文本对齐)的值为 center,文本会居中对齐,如图 4-22 所示。

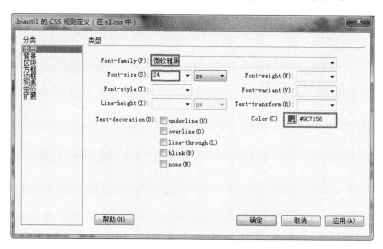

图 4-21 设置". biaoti1"的【类型】

63

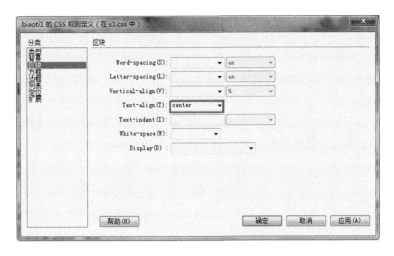

图 4-22 设置". biaoti1"的【区块】

（8）单击【确定】按钮，通过标签选择器选中"国画简介"四个字所在的段落，如图 4-23 所示，在 CSS 样式面板的"biaoti1"样式上右击选择【套用】，如图 4-24 所示，套用样式后，标题文本有了大小、字体和颜色，并且在页面的中间显示，如图 4-25 所示。

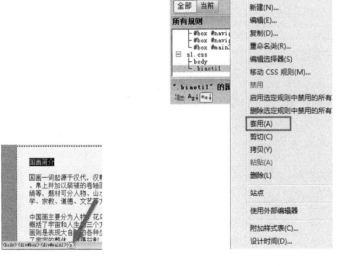

图 4-23 选中标题   图 4-24 套用样式

（9）单击【新建 CSS 规则】按钮，进入【新建 CSS 规则】对话框，在【选择器类型】中选择"类"，在【选择器名称】中选择". text1"，如图 4-26 所示。

（10）单击【确定】按钮后，在【CSS 规则定义】对话框设置如图 4-27 所示的属性。

（11）通过拖拽选中页面编辑区段落文本的第一个字"国"，在 CSS 样式面板的". text1"上右击选择【套用】，套用样式后的效果如图 4-28 所示。

图 4-25　设置标题样式

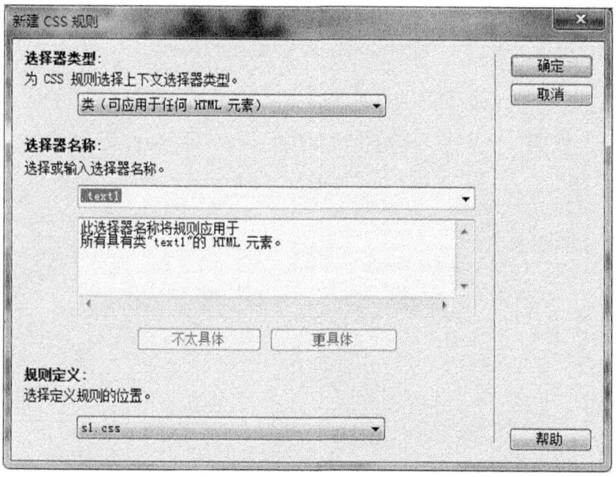

图 4-26　新建 CSS 样式

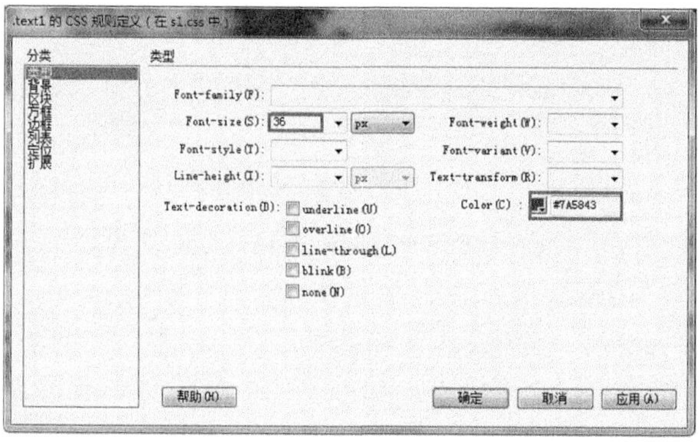

图 4-27　设置属性

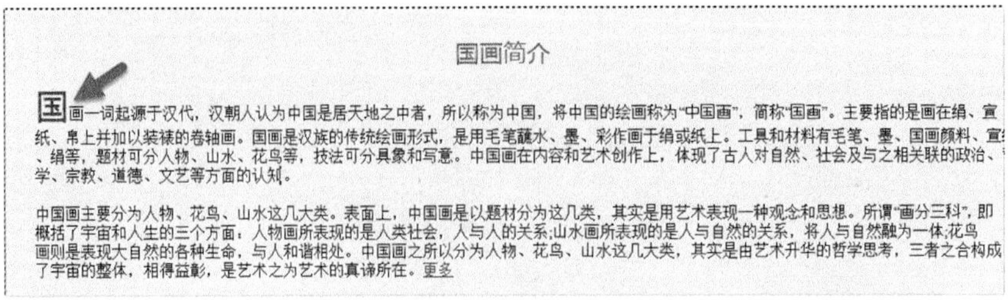

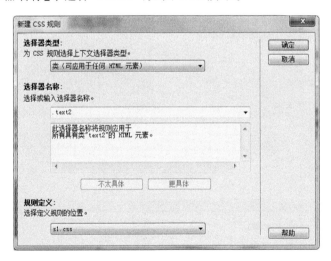

图 4-28 设置单个文本样式

【注意】

因为段落里的单个文本周围没有任何 HTML 标签,所以在套用样式后,会自动在文本两端添加…标签,样式套用的标签如图 4-29 所示。

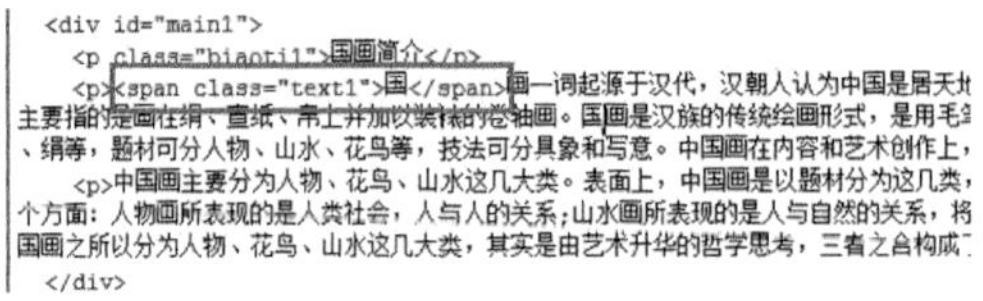

图 4-29 单个文本的样式

(12)单击【新建 CSS 规则】按钮,进入【新建 CSS 规则】对话框,在【选择器类型】中选择"类",在【选择器名称】中选择".text2",如图 4-30 所示。

图 4-30 创建类".text2"

(13)单击【确定】按钮后,在【CSS 规则定义】对话框设置如图 4-31 所示的属性,其中Line-height(行高)值为 150％表示 1.5 倍行高。

(14)单击【确定】按钮,通过标签选择器的<p>标签选中第一个段落,如图 4-32 所示,在 CSS 样式面板的"text2"样式上右击选择【套用】,同样的方式,将第一段文本套用"text2"样式,套用后的段落效果如图 4-33 所示。

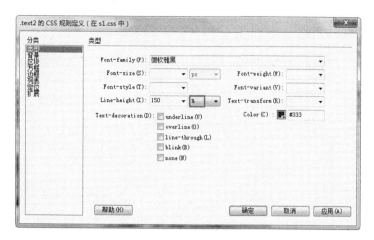

图 4-31　设置属性

图 4-32　选中段落文本

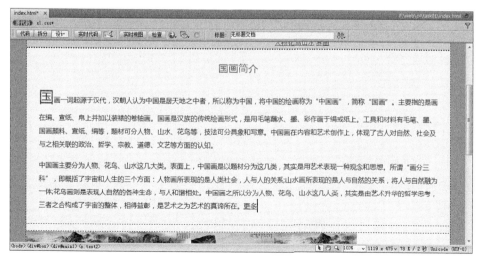

图 4-33　设置段落样式

（15）单击【新建 CSS 规则】按钮，进入【新建 CSS 规则】对话框，在【选择器类型】中选择"类"，在【选择器名称】中选择".img1"，如图 4-34 所示。

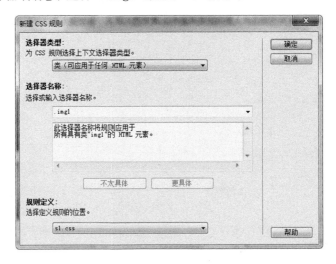

图 4-34　创建类".img1"

（16）单击【确定】按钮后，在【CSS 规则定义】对话框设置如图 4-35 和图 4-36 所示的属性，其中【方框】Margin（边界）中的 left 和 right 表示图片与左右网页元素之间的距离，【边框】中的 Style 表明边框的样式，solid 为实线，Width 和 Color 分别为边框的宽度和颜色。

图 4-35　设置方框属性

（17）单击【确定】按钮，选择八张国画图形的第一张，在 CSS 样式面板的".img1"样式上右击选择【套用】，同样的方式，将其余的七张图套上该样式，套用后的图片效果如图 4-37 所示。

（18）单击【新建 CSS 规则】按钮，进入【新建 CSS 规则】对话框，在【选择器类型】中选择"类"，在【选择器名称】中选择".biaoti2"，如图 4-38 所示。

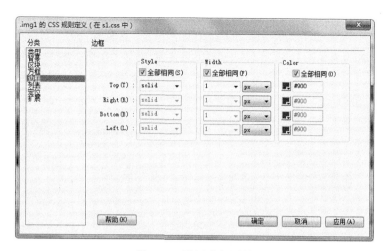

图 4-36 设置边框属性

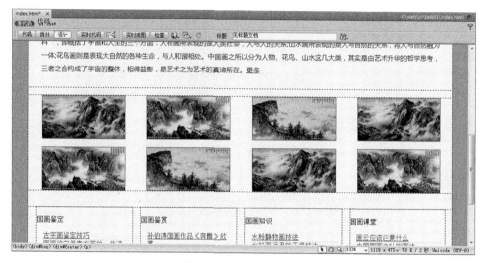

图 4-37 设置图片样式

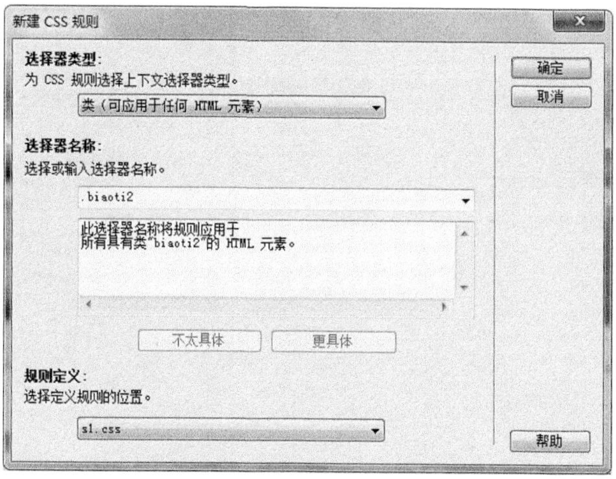

图 4-38 创建类".biaoti2"

(19)单击【确定】按钮后,在【CSS 规则定义】对话框设置如图 4-39、图 4-40 和图 4-41 所示的属性,其中【背景】选项中的 Background-image 为背景图片;Background-repeat 选择 no-repeat 表示背景图片只出现一次,如果不设置属性,那么背景图片会平铺;Background-position(X)和 Background-position(Y)用来设置背景图片的位置,以背景图片所在容器的左上角为原点,向右和向左偏移的距离。

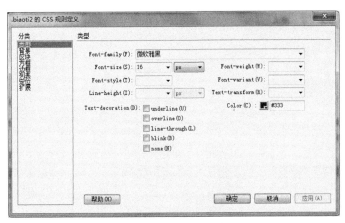

图 4-39　设置类型属性

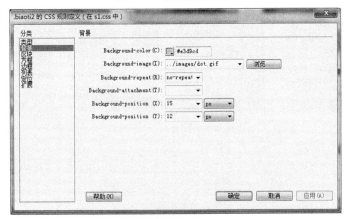

图 4-40　设置背景属性

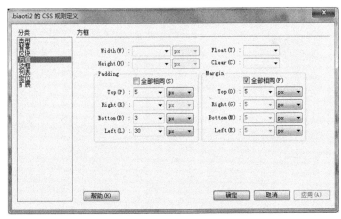

图 4-41　设置方框属性

(20)单击【确定】按钮,依次选中"国画鉴定""国画鉴赏""国画知识""国画课堂"四个标题,在 CSS 样式面板的".biaoti2"样式上右击选择【套用】,效果如图 4-42 所示。

图 4-42　设置标题样式

(21)同样的方法,设置页面最下端的版权信息样式,效果如图 4-43 所示。

图 4-43　设置段落样式

浏览网页,即可看到该部分文本内容的行距、项目符号图片等都发生了相应改变。

(22)按【F12】键预览页面,对比套用样式前后的效果。

任务二　使用 CSS 设置超链接状态

任务描述:

对国画网页的导航超链接和网页下部区块的超链接进行样式设置。

图 4-44 分别是:未添加样式的导航超链接、添加 CSS 样式后的超链接和鼠标经过的超链接。

图 4-45 分别是:未添加样式的文本超链接、添加 CSS 样式后的超链接和鼠标经过的超链接。

图 4-44　导航超链接

图 4-45　超链接

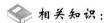 相关知识：

1. 超链接样式的创建

单击【新建 CSS 规则】按钮进入【新建 CSS 规则】对话框，在选择器类型中有一项【复合内容】，其中的应用之一就是针对超链接的样式设置。

将光标放到导航栏的任意一个超链接上，单击【新建 CSS 规则】按钮进入【新建 CSS 规则】对话框，在【选择器类型】中会自动选择【复合内容】，在【选择器名称】中，自动生成一个路径作为选择器的名称，如图 4-46 所示，之后的超链接样式的设置同任务一中的样式设置，样式设置完成之后自动套用，该样式是超链接初始状态的样式。

2. 超级链接的四种状态

超链接有四种状态，即"a:link""a:visited""a:hover""a:active"，分别代表链接原始状态、被访问过后的状态、鼠标经过时的状态、鼠标按下时的状态。"a:link"即"a"。网页中经常使用的是鼠标经过时的状态，即"a:hover"。在设置超链接的初始状态后，可以设置鼠标经过超链接状态，光标仍然放到超链接上，单击【新建 CSS 规则】按钮进入【新建 CSS 规则】对话框，在【选择器类型】中的值不变，在【选择器名称】中的"a"后，添加

":hover",如图 4-47 所示,注意冒号一定是英文状态的冒号,这样设置的就是鼠标经过超链接的样式。

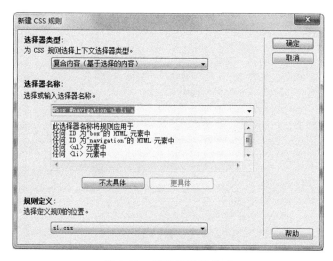

图 4-46　创建超链接样式

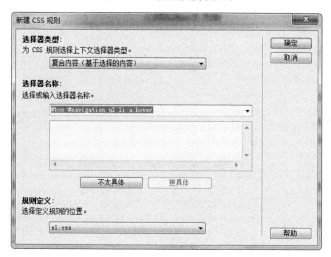

图 4-47　鼠标经过超链接状态

 任务实施:

(1)继续在 index. html 中进行编辑。将光标放在导航超链接的任意一个上面,单击【新建 CSS 规则】按钮,进入【新建 CSS 规则】对话框,检查选择则器名称是否为"♯ box ♯ navigation ul li a"。

(2)单击【确定】按钮进入【CSS 规则定义】对话框,在【类型】选项中的设置如图 4-48 所示,勾选【none】可以去除超链接初始状态的下画线;在【区块】选项中的设置如图 4-49 所示,其中【Display】属性值为 block,表明超链接元素将显示为块级元素,具体体现为超链接周围会有一个虚线框人物花鸟山水界画;在【方框】选项中的设置如图 4-50 所示。

73

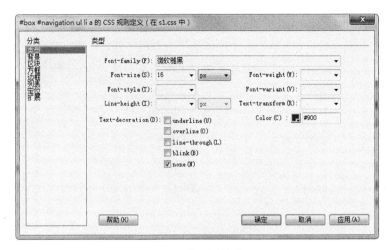

图 4-48　类型属性设置

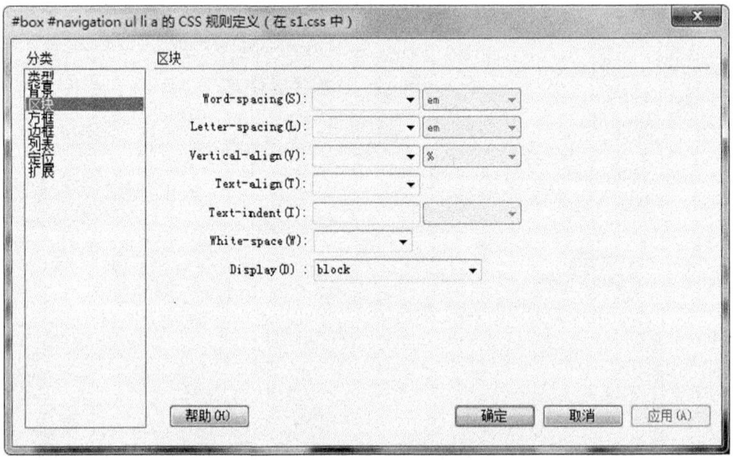

图 4-49　区块属性设置

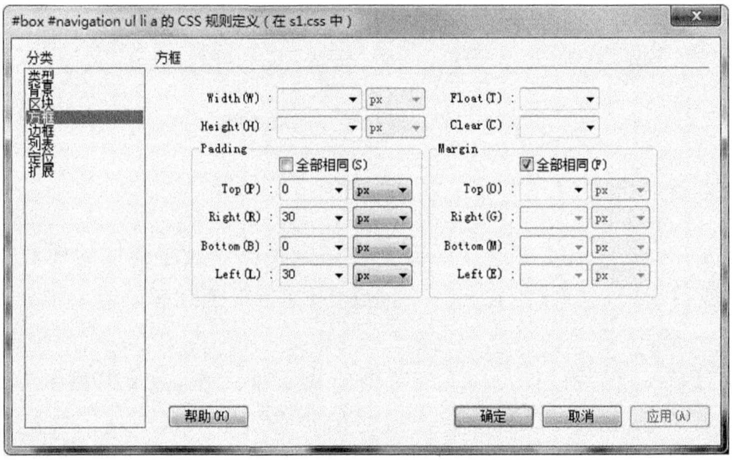

图 4-50　方框属性设置

【注意】

【方框】选项中的 Padding 对应的四个值，表示超链接文本和超链接所在的块（虚线框）的上下左右的距离，Margin 对应的四个值表示超链接和块外的元素上下左右的距离。

（3）单击【确定】按钮，超链接初始状态样式如图 4-51 所示。

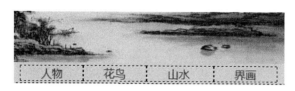

图 4-51　超链接初始状态样式

（4）光标仍然放在导航超链接上，单击【新建 CSS 规则】按钮，进入【新建 CSS 规则】对话框，在选择则器名称中修改名称为"♯box ♯navigation ul li a:hover"（注意冒号为英文状态下输入的）。

（5）单击【确定】按钮，在【类型】选项中设置属性如图 4-52 所示。

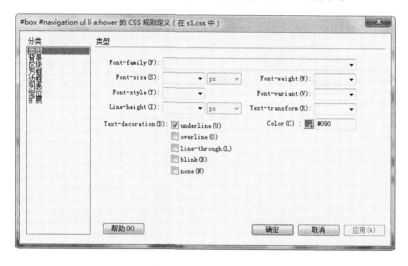

图 4-52　设置类型属性

（6）单击【确定】按钮，按【F12】键浏览页面，观察超链接初始状态样式和鼠标经过状态样式。

【提示】

在设置属性的过程中，单击最右下角的【应用】按钮，可以在不关闭对话框的情况下观察样式的效果，好的习惯是边单击【应用】按钮边观察，这样才能发现问题，及时修改属性值。

任务三　使用 CSS 设置表单控件的样式

 任务描述：

　　对页面中各表单项目的外观进行美化，加 CSS 样式前后的网页效果，分别如图 4-53 和图 4-54 所示。

图 4-53　添加 CSS 前的网页效果

图 4-54　添加 CSS 后的网页效果

相关知识：

　　表单控件的作用以及插入的方式详见项目三，表单控件同文本和图片都属于网页的基本元素，在使用 CSS 样式时，同样使用【选择器类型】中的"类"。

76

任务实施:

(1) 打开资源文件夹 resource,将 c4 中的 task03 文件夹复制到本地并设为站点文件夹。

(2) 打开网页文件 index.html,单击【新建 CSS 规则】按钮,进入【新建 CSS 规则】对话框,在【选择器类型】中选择"类",【选择器名称】中输入".biaoti",在【规则定义】中选择"新建样式表文件",如图 4-55 所示。

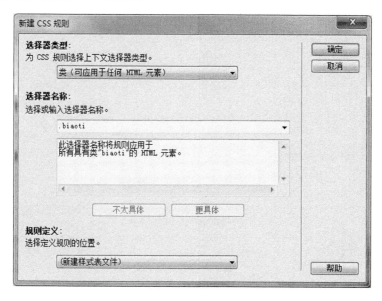

图 4-55 定义类样式

(3) 单击【确定】按钮后弹出【将样式表文件另存为】对话框,选择项目表文件的存放位置为站点里的 style 文件夹,样式表文件的文件名为 s3,如图 4-56 所示。

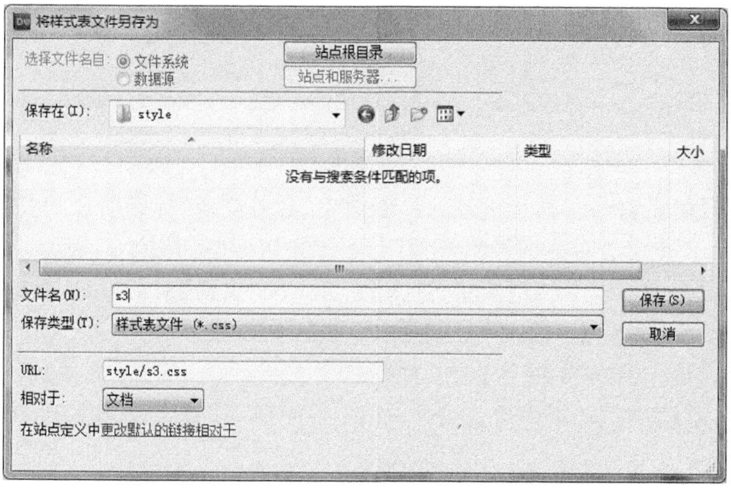

图 4-56 保存样式表文件

（4）单击【保存】按钮进入【CSS 规则定义】对话框。在【类型】选项设置属性，如图 4-57 所示；在【方框】选项中设置属性如图 4-58 所示，其中 Left 属性为 20px，表示标题文本与标题所在块的左边界为 20px。

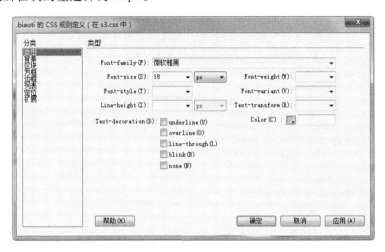

图 4-57　设置类型属性

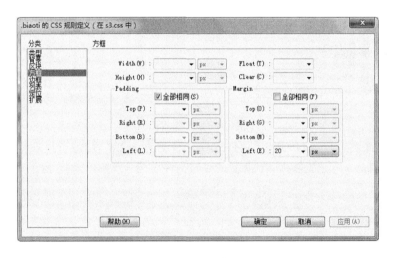

图 4-58　设置方框属性

（5）单击【确定】按钮，通过标签选择器选中"会员登录"标题所在的段落，在 CSS 样式面板的".biaoti"样式上右击选择【套用】，套用样式后标题如图 4-54 所示。

（6）单击【新建 CSS 规则】按钮，进入【新建 CSS 规则】对话框，在【选择器类型】中选择"类"，在【选择器名称】中输入".textfield"，如图 4-59 所示。

（7）单击【确定】按钮后进入【CSS 规则定义】对话框。选择【类型】选项设置属性，如图 4-60 所示；在【方框】选项中设置属性，如图 4-61 所示，其中 Width 和 Height 分别表示宽度和高度。

（8）单击【确定】按钮，通过依次选中两个文本域，在 CSS 样式面板的".textfield"样式上右击选择【套用】，套用样式后标题如图 4-62 所示。

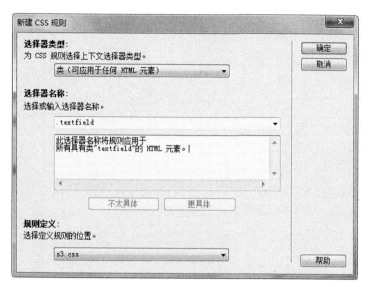

图 4-59　定义类样式

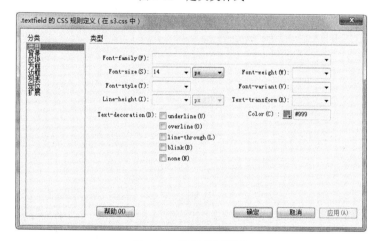

图 4-60　设置类型属性

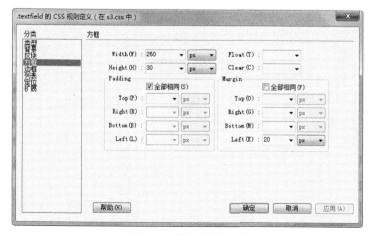

图 4-61　设置方框属性

图 4-62　文本域样式

（9）单击【新建 CSS 规则】按钮，进入【新建 CSS 规则】对话框，在【选择器类型】中选择"类"，在【选择器名称】中输入". btn"，如图 4-63 所示。

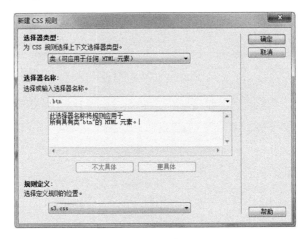

图 4-63　定义类样式

（10）单击【确定】按钮后进入【CSS 规则定义】对话框。选择【类型】选项设置属性，如图 4-64 所示，其中 Font-weight 属性为 bold，表示加粗显示；在【背景】选项中设置属性，如图 4-65 所示；在【边框】选项中设置属性，如图 4-66 所示。

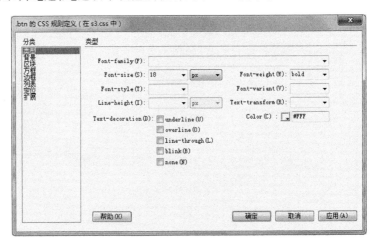

图 4-64　设置类型属性

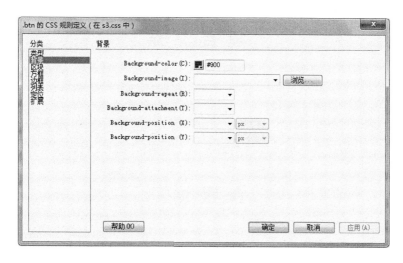

图 4-65　设置背景属性

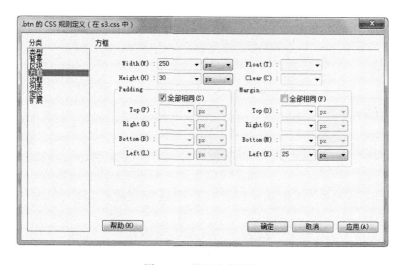

图 4-66　设置方框属性

（1）单击【确定】按钮，选中按钮控件，在 CSS 样式面板的".btn"样式上右击选择【套用】，套用样式后标题如图 4-67 所示。

图 4-67　按钮样式

项 目 总 结

本项目利用 CSS,对网页中的文本、段落、表单、图片和超级链接等各种元素进行样式的设置,使用外部样式表文件,将网页制作过程中的内容添加与样式设置分离开来,风格能够轻松得到统一,并能减少工作量,便于站点维护和管理。值得注意的是,样式设置是个比较细致的工作,只有把页面的每个细节都注意到,才能做出优秀的网页。

自 我 评 测

一、选择题

1. 以下哪几个样式是类名?(　　　)

A. body　　　　　　B. t1　　　　　　C. a:hover　　　　　　D. #box

2. 在给 body 标签进行重定义时,可以设置下列哪些页面属性?(　　　)

A. 页面背景图片　　B. 页面背景颜色　　C. 页面边距　　　D. 页面大小

3. 以下哪个表示鼠标经过时的超链接状态?(　　　)

A. a:link　　　　　B. a:active　　　　　C. a:visited　　　　　D. a:hover

二、填空题

1. CSS 的英文全称是_____,其中文名称为_____。

2.【CSS 规则定义】对话框中的【选择器名称】有_____、_____、_____和_____四个选项,其中_____是对 HTML 标签进行功能扩充的。

3. 用 CSS 控制对象的填充、边界等属性,需要在【CSS 规则定义】对话框的____选项中设置。

三、操作题

为图 4-68 所示页面设置 CSS 样式,添加后的效果如图 4-69 所示。

图 4-68　设置样式前

图 4-69　设置样式后

项目五 使用 CSS＋DIV 布局页面

学习目标

了解 CSS＋DIV 布局的优势；

理解 CSS 盒子模型的含义；

掌握使用 CSS＋DIV 进行常用页面布局的方法。

任务一 使用 CSS＋DIV 制作"几米漫画"页面

 任务描述：

制作"几米漫画"页面，使用一列固定宽度居中与两列固定宽度相结合的布局方式制作页面，整个页面在浏览器中间显示，页面效果如图 5-1 所示。

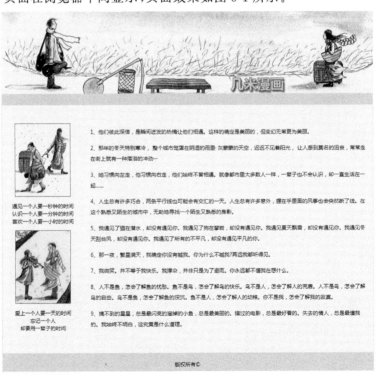

图 5-1 "几米漫画"网页

📖 **相关知识：**

1. CSS＋DIV 布局及其优势

CSS＋DIV 是网页布局的一种方式。DIV 是网页中的"块"，块相当于一个容器，网页中的元素属于不同的块。以块为单位，块和块中的元素的属性通过 CSS 进行控制，从而实现整个页面的布局及美化。

与表格布局的页面相比，使用 CSS＋DIV 布局的网页代码简洁，结构清晰，容易被搜索引擎搜索到，而且网站修改起来十分方便，通过修改 CSS 就能完成批量页面的变化，降低了网站维护的成本。

2. DIV 块的插入与 CSS 样式控制

（1）DIV 块的插入

在 Dreamweaver 右侧浮动面板组中的【插入】选项中选择【布局】，单击【布局】中的【插入 Div 标签】菜单，如图 5-2 所示；在弹出的对话框【插入 Div 标签】中的【插入】使用默认的"在插入点"选项，【ID】选项中输入块的 ID 值，如图 5-3 所示，插入页面中的 box 块如图 5-4 所示。

图 5-2　插入 Div 标签

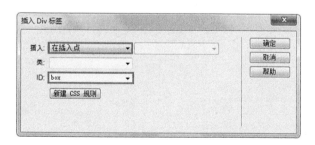

图 5-3　在网页中插入"box"块

图 5-4　编辑区的 box 块

块在语法上用"＜div＞"和"＜/div＞"标记表示，ID 值是块在网页中唯一的标识，box 块在代码视图中的代码如图 5-5 所示。

图 5-5　代码视图中的 box 块

假设 box 块是父块，如果要在 box 块中插入子块 left，可以将光标定位到父块的"此处显示 id "box" 的内容"后，按照同样的步骤插入子块；如果要在子块 left 后继续插入并列的块 right，需要在【插入 Div 标签】对话框中的【插入】选择"在标签之后"，后面的下拉菜单中选择 left，输入 ID 值，如图 5-6 所示。

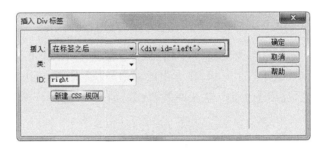

图 5-6　插入并列关系的子块

（2）使用 CSS 样式控制块

选中 box 块（光标定位在块的内部或者通过标签选择器选择 div#box ），单击【CSS 浮动面板】中的【新建 CSS 规则】按钮，弹出【新建 CSS 规则】对话框，在【选择器类型】中会自动选择 ID，在【选择器名称】中会自动生成"#box"，如图 5-7 所示。选择好样式表文件存放的路径后，单击【确定】按钮，就可以设置相关的属性。

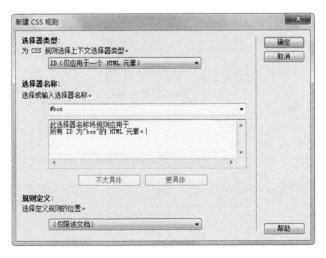

图 5-7　新建样式

3. CSS 盒子模型

CSS 盒子模型是学习 CSS＋DIV 布局的关键,盒子模型的结构如图 5-8 所示。

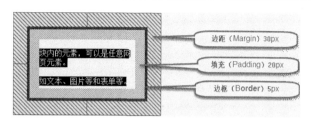

图 5-8　盒子模型

CSS 盒子模型可以理解为日常生活中的盒子。网页中的所有元素都是装在盒子中的,为了防止盒子里装的东西损坏,就需要添加泡沫等进行保护,对应的就是盒子模型中的填充,边框就是盒子本身的厚度,盒子摆放时与周围的物体之间留有空隙,空隙就是对应的边界。

整个块最终的宽度(高度)＝块的宽度(高度)＋填充＋边框＋边距。如果图 5-8 中的块是 200px×100px 的块,那么块的实际宽度为 $200＋30×2＋20×2＋5×2＝310(px)$,实际高度为 $100＋30×2＋20×2＋5×2＝210(px)$。块的宽度和高度的计算在 CSS＋DIV 布局中十分重要,只有精确地计算,整个页面才能按照需要进行布局。

4. 常见布局控制

无论多么复杂的页面,都是基础布局在一起的组合,CSS＋DIV 布局中有两个基础的布局方式:一列固定宽度居中、两列固定宽度。

(1)一列固定宽度居中

网页中一个有宽度和高度的块,在浏览器中间显示,就是一列固定宽度居中布局,如图 5-9 所示。

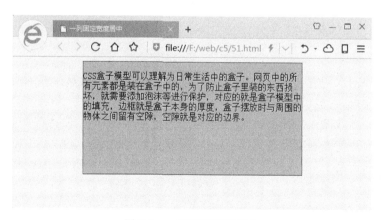

图 5-9　一列固定宽度居中

在 CSS＋DIV 布局中,一列宽度居中是通过【边界】属性控制块左、右两个方向的边界来实现的。【边界】属性除了可以直接使用数值,还支持"auto","auto"使浏览器自动判断边距,当块的左、右边界设置为"auto"时,浏览器就会将块的左、右边距设为相等的值,从而实现了居中效果。例如对于图 5-9 所示的居中效果,样式设置如图 5-10 所示。

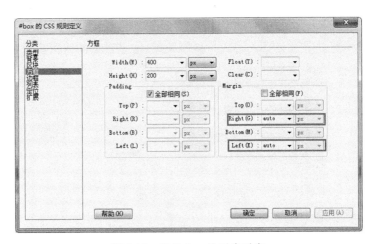

图 5-10　定义 box 块居中对齐

（2）两列固定宽度

两列固定宽度也是网页中常见的布局结构，页面中的两个块呈水平方向排列，如图 5-11 所示。

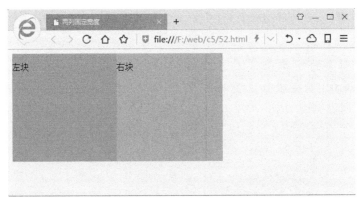

图 5-11　两列固定宽度

要实现块的水平方向的排列，必须使用块的 Float 属性，该属性是 CSS＋DIV 布局中非常实用的功能，它可以使排版更加简单易控制。

在网页中顺序插入的两个块，即使设置了合适的宽度，仍然保持在垂直方向上的线性排列。如果需要在水平方向进行排列，就需要设置两者的浮动属性。可以简单地理解为，块是沉在水底的箱子，垂直方向上叠加在一起，在水底无法控制它们的排列。但是，将它们通过某种方式浮到水面上之后，就方便推动其进行排列了。

因此"左块"和"右块"的样式定义除了宽和高之外，还需定义 Float 属性为"left"。这样，"左块"和"右块"都在浏览器中居左对齐，但是因为"左块"已经在左侧了，所以"右块"与"左块"的右侧靠在一起对齐。"左块"的样式定义如图 5-12 所示，"右块"同理。

使用浮动定位方式，可以实现从一列到多列的固定宽度水平方向对齐。如果需要几个块水平方向排列且居中显示，可以使用块的嵌套形式设计。先用一个居中的块作为容器，再将几个块水平排列放置在容器中，从而实现几列固定宽度并居中显示。

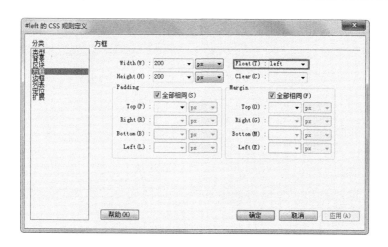

图 5-12　定义"左块"的 Float 属性

5. 块的嵌套与命名

在页面中插入块的过程中,需要用到块的嵌套,嵌套原则是:某个方向上有两个或两个以上的块,需要放到一个父块中。

块在命名时,可以用块的功能命名,例如,导航块命名为 navigation;也可以块的位置命名,例如左边的一个块命名为 left。块的名称不能用中文,也不能用数字或者用数字开头,如可以用 a1 命名,但不能用 1 或者 1a 来命名。错误的命名方式会使得块的样式无法生效。

 任务实施:

(1) 打开资源文件夹 resource,将 c5 中的 task01 文件夹复制到本地并设为站点文件夹,在站点文件夹中新建主页文件 index. html,打开文件。

(2) 观察图 5-1,在垂直方向上有三个块,中间的块在水平方向又分为两个块,按照块的嵌套原则,嵌套如图 5-13 所示。

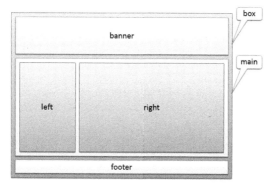

图 5-13　块的嵌套

(3) 光标定位到编辑区,在 Dreamweaver 右侧浮动面板组中的【插入】选项中选择【布局】,单击【布局】中的【插入 Div 标签】,在弹出的【插入 Div 标签】对话框中设置块的 ID 值为 box,如图 5-14 所示。

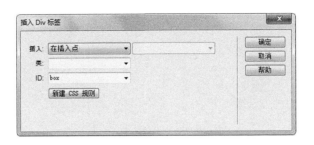

图 5-14　插入 box 块

（4）单击【确定】按钮后，编辑区出现块 box，将光标定义到 box 块的"此处显示 id "box"的内容"后，单击【布局】中的【插入 Div 标签】，在弹出的【插入 Div 标签】对话框中设置块的 ID 值为 banner，如图 5-15 所示。

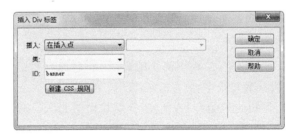

图 5-15　插入 banner 块

（5）单击【确定】按钮后，编辑区出现块 box 的子块 banner，继续插入块，对话框中设置块插入位置是在 banner 标签之后，ID 值为 main，如图 5-16 所示。

图 5-16　插入 main 块

（6）单击【确定】按钮后，将光标定位到"此处显示 id "main" 的内容"后，插入块，设置如图 5-17 所示。

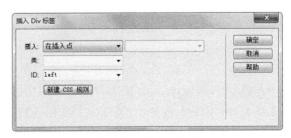

图 5-17　插入 left 块

（7）单击【确定】按钮后，继续插入块，设置如图 5-18 所示。

图 5-18　插入 left 块

（8）单击【确定】按钮后，继续插入块，设置如图 5-19 所示。

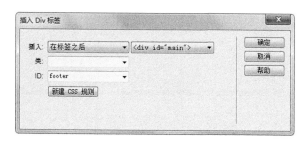

图 5-19　插入 footer 块

（9）所有的块插入完成后效果如图 5-20 所示。

图 5-20　所有的块

【注意】

块的插入和嵌套容易出错，因此需要找好位置关系。在父块内插入的第一个子块，光标要定位到块中，在【插入 Div 标签】对话框中选择在"插入点"插入子块，从第二个子块开始，就需要在【插入 Div 标签】对话框中选择"在标签之后"，在哪个块之后，就选择块的名称。所有的块插入完成后，通过标签选择器选择块，检查嵌套关系是否正确，有助于及时修改，节省时间。

（10）将光标定位到 box 块中（可以将光标放在"此处显示 id "box" 的内容"几个字中的任意位置），单击 CSS 样式面板上的【新建 CSS 规则】按钮，进入【新建 CSS 规则】对话框，在【规则定义】中选择"新建样式表文件"，单击【确定】按钮后，将样式表文件存放在 style 文件夹中，命名为 s1. css，如图 5-21 所示。

（11）单击【保存】按钮后，在对话框中设置属性如图 5-22 所示。设置完成后，box 块有了宽度，在页面的中间显示，如图 5-23 所示。

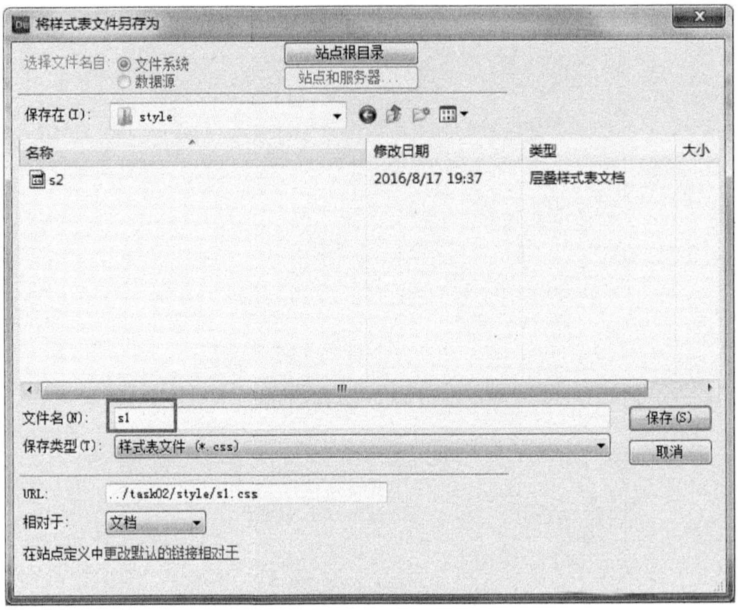

图 5-21　新建样式表文件

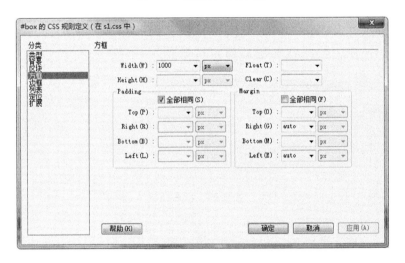

图 5-22　box 块的样式

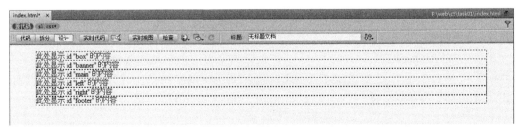

图 5-23　设置完样式后的 box 块

（12）删除 box 块内文字，将光标定位到 banner 块"此处显示 id "banner" 的内容"后，将文件面板中 images 文件夹中的 banner.jpg 拖拽到光标处，删除 banner 块内文字，如图 5-24 所示。

图 5-24　在 banner 块中插入图片

（13）删除 main 块的默认文字，在 left 和 right 块中复制文字并插入图片，如图 5-25 所示。

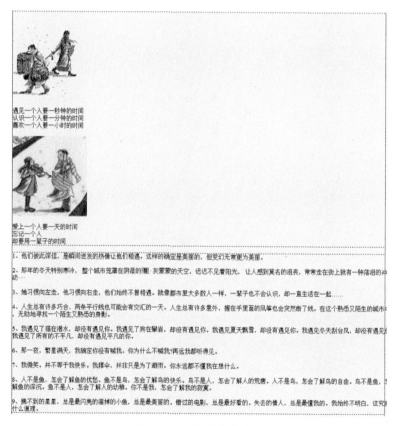

图 5-25　在块中输入内容

（14）将光标定位到 left 块中，单击【新建 CSS 规则】按钮，进入【新建 CSS 规则】对话框，确认选择器名称为"＃box ＃main ＃left"。单击【确定】按钮后，样式设置如图 5-26 和图 5-27 所示，其中【区块】选项中的 center 设置块内的元素在块内居中，【方框】选项中设置了 left 块的宽度为 220px，左浮动。设置样式后的 left 块的效果如图 5-28 所示。

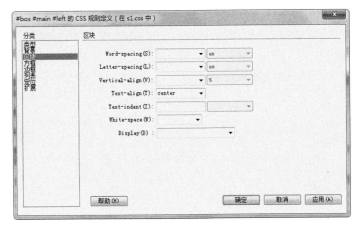

图 5-26　设置区块属性

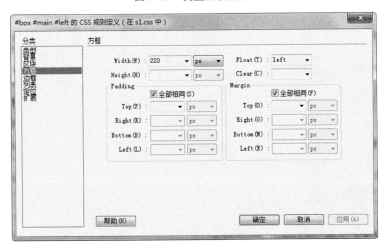

图 5-27　设置方框属性

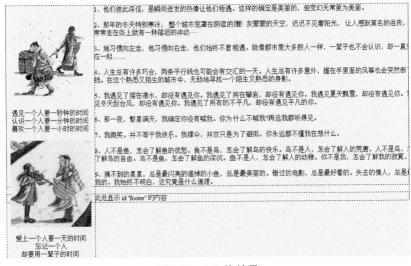

图 5-28　left 块效果

（15）将光标定位到 right 块中，单击【新建 CSS 规则】按钮，进入【新建 CSS 规则】对话框，确认选择器名称为"♯box ♯main ♯right"。单击【确定】按钮后，样式设置如图 5-29 和图 5-30 所示，其中【背景】选项中的 Line-height 为 200％，表示 right 块中的文本的行高为 2 倍行高，设置块内的元素在块内居中，【方框】选项中两个 Padding 值表示块中的文字距 right 块左右边界的距离为 20px，有浮动。

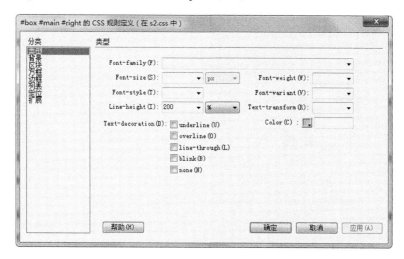

图 5-29　设置类型属性

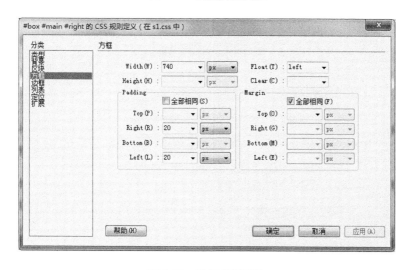

图 5-30　设置方框属性

【思考】

在页面中，box 块的宽度为 1000px，left 块的宽度为 220px，两者相减，计算出 right 块的宽度应该为 780px，为什么这里的宽度设置为 740px？

原因是，如果 right 块宽度为 780px，按照盒子原理来计算，实际宽度应该为 780＋20＋20，两个 20 为左右 Padding 的值，这样 left 块和 right 块的宽度的和超出 1000px，right 块会被挤到下方显示，如图 5-31 所示。

遇见一个人要一秒钟的时间
认识一个人要一分钟的时间
喜欢一个人要一小时的时间
爱上一个人要一天的时间
忘记一个人
却要用一辈子的时间
1、他们彼此深信，是瞬间迸发的热情让他们相遇。这样的确定是美丽的，但变幻无常更为美丽。
2、那年的冬天特别寒冷，整个城市笼罩在阴湿的雨里，灰蒙蒙的天空，迟迟不见着阳光，让人感到莫名的沮丧，常常走在街上就有一种落泪的冲动····
3、她习惯向左走，他习惯向右走，他们始终不曾相遇。就像都市里大多数人一样，一辈子也不会认识，却一直生活在一起……
4、人生总有许多巧合，两条平行线也可能会有交汇的一天。人生总有许多意外，握在手里面的风筝也会突然断了线。在这个熟悉又陌生的城市中，无助地寻找一个陌生又熟悉的身影。
5、我遇见了猫在潜水，却没有遇见你。我遇见了狗在攀岩，却没有遇见你。我遇见夏天飘雪，却没有遇见你。我遇见冬天刮台风，却没有遇见你。我遇见了所有的不平凡，却没有遇见平凡的你。
6、那一夜，繁星满天，我确定你没有喊我。你为什么不喊我?再远我都听得见。
7、我微笑。并不等于我快乐。我撑伞，并非只是为了避雨。你永远都不懂我在想什么。
8、人不是鱼，怎会了解鱼的忧愁。鱼不是鸟，怎会了解鸟的快乐。鸟不是人，怎会了解人的荒唐。人不是鸟，怎会了解鸟的自由。鸟不是鱼，怎会了解鱼的深沉。鱼不是人，怎会了解人的幼稚。你不是我，怎会了解我的寂寞。
9、摘不到的星星，总是最闪亮的溜掉的小鱼，总是最美丽的。错过的电影，总是最好看的。失去的情人，总是最懂我的。我始终不明白，这究竟是什么道理。

图 5-31　被挤下来的 right 块

最后设置 footer 块的样式。通过标签选择器选中 footer 块<body><div#box><div#footer>，会发现该块的范围延伸到 banner 块的下方，如图 5-32 所示，同样的方法选择 main 块，会发现该块只有窄窄的一条线，如图 5-33 所示。可以这样理解，left 块和 right 块都产生了浮动，脱离了页面所在图层，main 块内部没有子块，因此收缩，于是 footer 向上伸展。有两种方法可以解决这个问题：第一，设置 main 块的高度，让该块包含两个子块；第二，设置 footer 块的 clear 属性为 both，清除浮动块对 footer 块的影响。

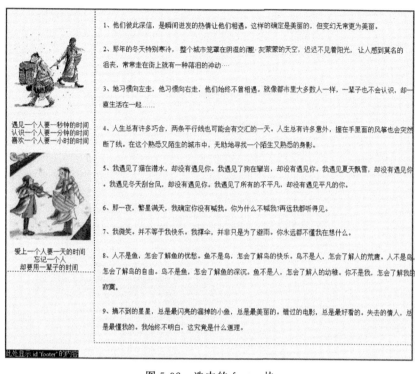

图 5-32　选中的 footer 块

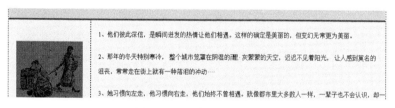

图 5-33　选中的 main 块

（16）在 footer 块中输入"版权所有©"，光标定位到该块中，新建 CSS 样式，样式的设置如图 5-34、图 5-35 和图 5-36 所示。

图 5-34　设置背景属性

97

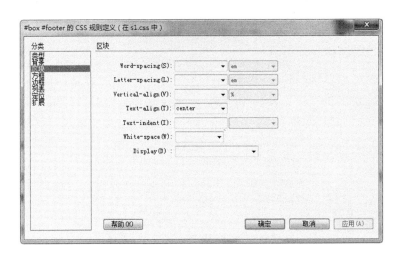

图 5-35　设置区块属性

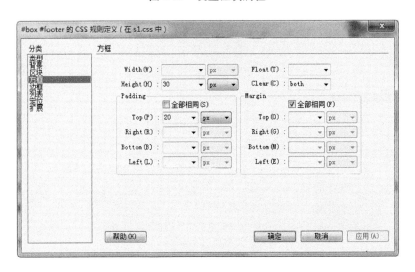

图 5-36　设置方框属性

（17）对 body 标签进行重定义，设置整个页面的字体为"微软雅黑"，填充和间距都为 0，按【F12】键测试页面，最终效果如图 5-1 所示。

任务二　使用 CSS＋DIV 制作"Love 电影"页面中的超链接

 任务描述：

制作"Love 电影"页面，使用 CSS＋DIV 制作超链接，效果如图 5-37 所示，其中块的嵌套如图 5-38 所示。

图 5-37 "Love 电影"页面

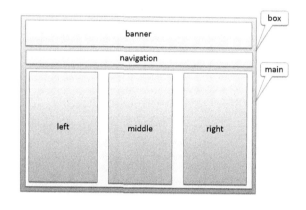

图 5-38 "Love 电影"页面的布局

相关知识:

1. 项目列表

HTML 提供的项目列表与 CSS 相结合,可以用来制作 CSS＋DIV 布局页面中的超链接。通过控制＜ul＞、＜li＞和＜a＞等标记的属性,来实现多变的超链接效果。

2. 使用 CSS＋DIV 布局制作超链接的步骤

(1) 插入一个块,设置块的宽度、高度、背景等。

(2) 在块中输入文本并分段。

(3) 选中所有文本,在属性面板的【链接】里设置为空链接"♯"。

（4）选中所有的超链接文本，通过属性面板的 按钮设置为项目列表。

（5）光标定位到超链接上，按照下面的顺序新建 CSS 样式。

（6）设置 ul 的样式，需要设置的有：

☆【列表】选项中的 List-style-type 设置为 none，去除项目列表前的黑圆。

☆【方框】选项的 Padding 和 Margin 为 0，将整个项目列表与父块的左上角对齐，方便最终调整位置。

☆使用 Margin 的四个值调整具体位置。

（7）设置 li 的样式，对于横向排列的超链接，需要将 li 的 Float 属性设为 left，纵向排列的不需要设置。

（8）设置 a（超链接初始样式）。首先设置【区块】选项的 Display 属性为 block，其他的设置有超链接文本的大小、颜色、去下画线、背景图片、超链接文本的位置以及超链接所在块的高度等。

（9）设置 a：hover（鼠标经过超链接样式）。

任务实施：

（1）打开资源文件夹 resource，将 c5 中的 task02 文件夹复制到本地并设为站点文件夹，在站点文件夹中新建主页文件 index. html，打开文件。

（2）按照图 5-38 所示插入块并进行块的嵌套，如图 5-39 所示，注意块的插入位置与插入顺序，可以用任务一中依次选择块的方法进行检查，或者切换到代码视图，和图 5-40 所示的代码进行对比检查。

此处显示 id "box" 的内容
此处显示 id "banner" 的内容
此处显示 id "navigation" 的内容
此处显示 id "main" 的内容
此处显示 id "left" 的内容
此处显示 id "middle" 的内容
此处显示 id "right" 的内容

图 5-39　块的插入

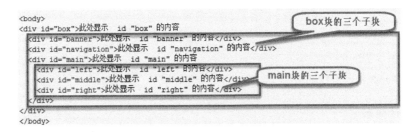

图 5-40　代码

（3）单击 CSS 样式面板上的【新建 CSS 规则】按钮，进入【新建 CSS 规则】对话框，【选择器类型】选择"标签"，【选择器名称】选择 body，在【规则定义】中选择"新建样式表文件"，如图 5-41 所示，单击【确定】按钮后，将样式表文件存放在 style 文件夹中，命名为 s2. css。

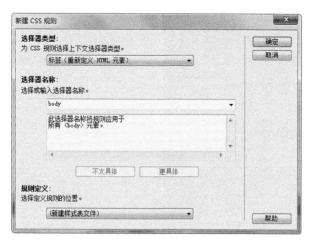

图 5-41　新建 CSS 规则

（4）单击【保存】按钮后，在对话框中设置的属性如图 5-42 和图 5-43 所示，通过对 body 标签的重定义，网页中所有的文本字体都将为"微软雅黑"，整个页面背景色为浅灰色。

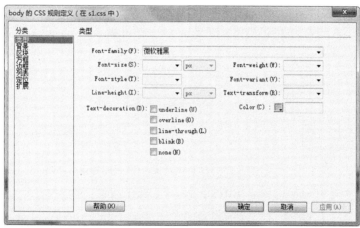

图 5-42　设置类型属性

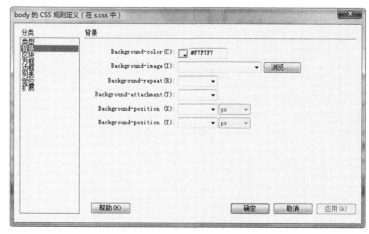

图 5-43　设置背景属性

（5）将光标定位到 box 块中（可以将光标放在"此处显示 id "box" 的内容"几个字中的任意位置），单击 CSS 样式面板上的【新建 CSS 规则】按钮，进入【新建 CSS 规则】对话框，检查【选择器名称】"♯box"，单击【确定】按钮，设置属性如图 5-44 所示。

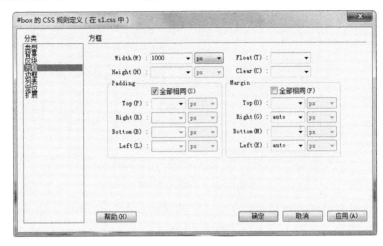

图 5-44　设置属性

（6）删除 box 块内文字，将光标定位到 banner 块"此处显示 id "banner" 的内容"后，将文件面板中 images 文件夹中的 logo.jpg 拖拽到光标处，删除 banner 块内文字，如图 5-45 所示。

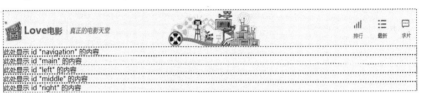

图 5-45　在 banner 块中插入图片

（7）光标定位到 navigation 块中，单击 CSS 样式面板上的【新建 CSS 规则】按钮，进入【新建 CSS 规则】对话框，检查【选择器名称】"♯navigation"，单击【确定】按钮，设置属性如图 5-46、图 5-47 和图 5-48 所示，在【实时视图】下效果如图 5-49 所示。

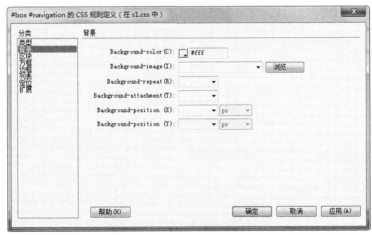

图 5-46　设置背景属性

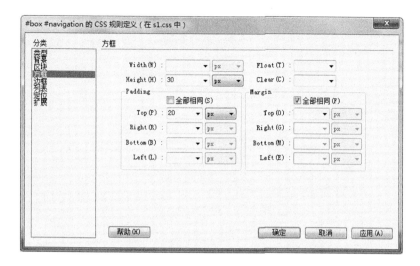

图 5-47 设置方框属性

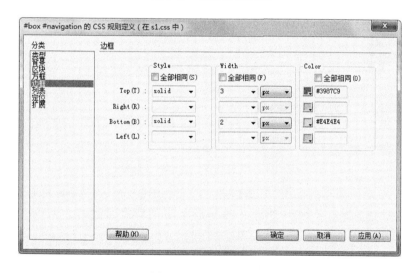

图 5-48 设置边框属性

图 5-49 navigation 块效果

（8）在 navigation 块中输入文本并分段，如图 5-50 所示。

（9）选中所有的文本，在属性面板的【链接】中输入"＃"，并选择项目列表按钮，如图 5-51 所示。

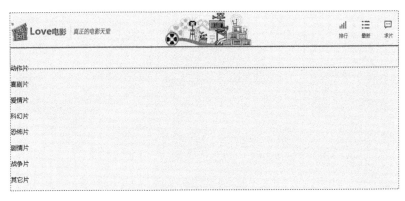

图 5-50　输入文本并分段

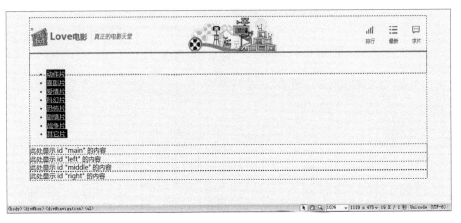

图 5-51　设置空链接和项目列表

（10）光标定位到超链接中，单击【新建 CSS 规则】按钮，进入【新建 CSS 规则】对话框，在对话框的【选择器名称】中删除 li 和 a，设置 ul 的样式，如图 5-52 所示。

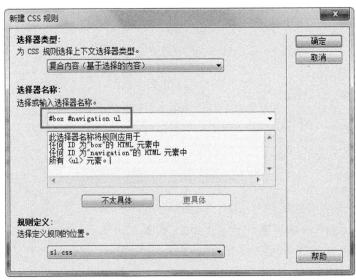

图 5-52　新建 CSS 样式

（11）ul 样式设置如图 5-53 和图 5-54 所示,单击【确定】按钮后,效果如图 5-55 所示。

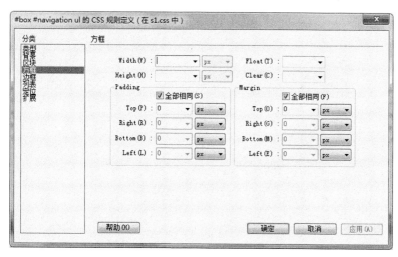

图 5-53　设置方框属性

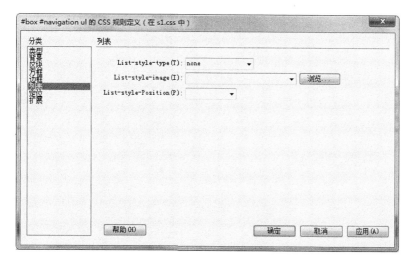

图 5-54　设置列表属性

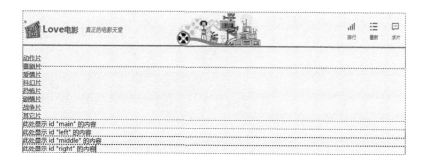

图 5-55　ul 效果

（12）确保光标在超链接上，单击【新建 CSS 规则】按钮，进入【新建 CSS 规则】对话框，在对话框的【选择器名称】中删除 a，设置 li 的样式，如图 5-56 所示。

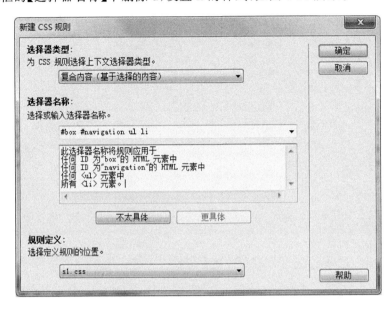

图 5-56　新建 CSS 样式

（13）li 样式的设置如图 5-57 所示，单击【确定】按钮后，效果如图 5-58 所示。

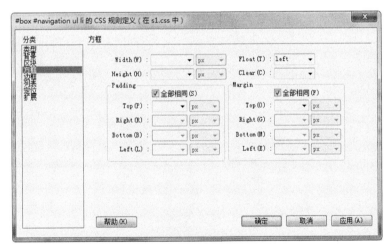

图 5-57　设置方框属性

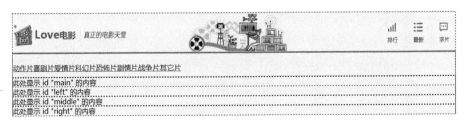

图 5-58　li 效果

（14）确保光标在超链接上，单击【新建 CSS 规则】按钮，进入【新建 CSS 规则】对话框，在对话框的【选择器名称】中的名称为"♯box ♯navigation ul li a"，设置 a 的样式，单击【确定】按钮后，样式设置如图 5-59、图 5-60 和图 5-61 所示，效果如图 5-62 所示。

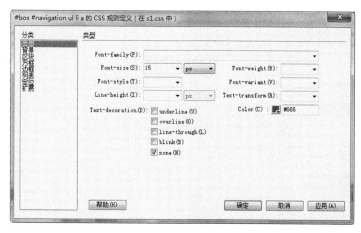

图 5-59 设置类型属性

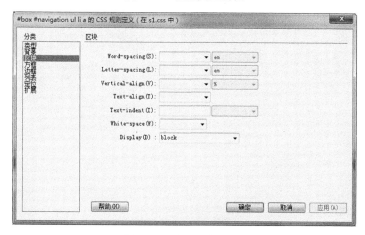

图 5-60 设置区块属性

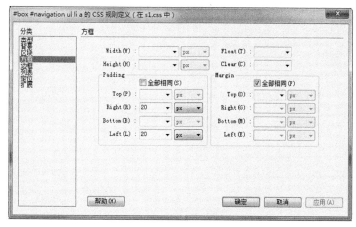

图 5-61 设置方框属性

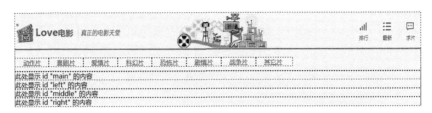

图 5-62　超链接效果

图 5-63　打开 ul 样式

（15）在图 5-58 中，超链接整体位置偏左，通过 ul 样式的调整，将超链接整体向右调整，在 CSS 样式面板中重新打开 ul 样式，通过 ul 调整超链接的整体位置，如图 5-63 所示，在 ul 中增加新的样式如图 5-64 所示。

（16）将光标放在 main 块"此处显示 id "main" 的内容"中，新建 CSS 样式，样式设置如图 5-65 所示，为 main 块设置 500px 的高度，上边距为 20px，main 块与 navigation 之间出现 20px 的距离。

图 5-64　增加 ul 样式

图 5-65　设置属性

（17）在图 5-37 所示的"Love 电影"页面中，下面的三个块 left、middle 和 right 样式是完全一样的，因此在新建 CSS 样式的时候，就不需要同样的步骤重复三次，在一次样式中就可以同时设置成功。删除"此处显示 id "main" 的内容"几个字，光标定位到 left 块中，新建 CSS 样式，在【新建 CSS 规则】对话框【选择器名称】中的 ♯left 后输入 ♯middle 和 ♯right，注意使用英文"，"隔开，如图 5-66 所示。

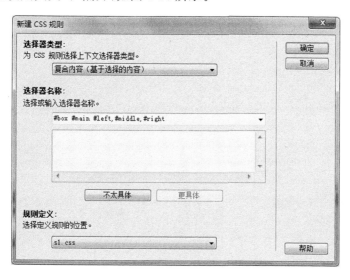

图 5-66　在【选择器名称】中重命名

（18）单击【确定】按钮后，设置样式如图 5-67、图 5-68 和图 5-69 所示，三个块的效果如图 5-70 所示。

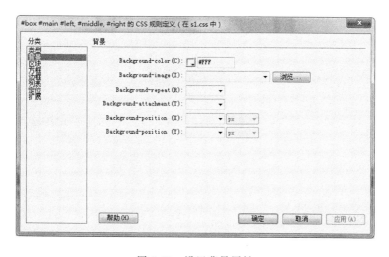

图 5-67　设置背景属性

（19）在三个块中输入并复制文本，将非标题文本设置为空超链接和项目列表，如图 5-71 所示。

（20）新建 CSS 样式，在【新建 CSS 规则】中选择"类"选择器，在【选择器名称】方本框中输入"．biaoti"，如图 5-72 所示。

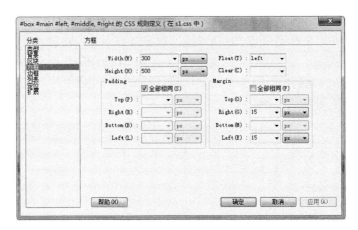

图 5-68　设置方框属性

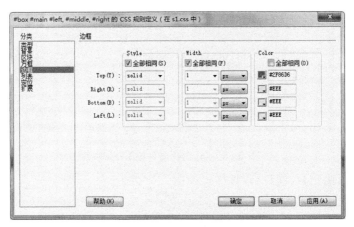

图 5-69　设置边框属性

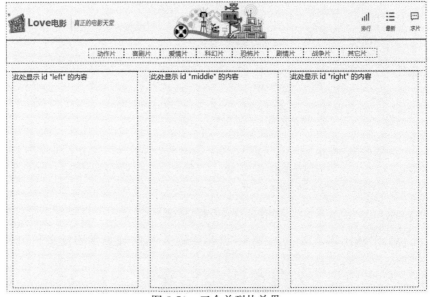

图 5-70　三个并列块效果

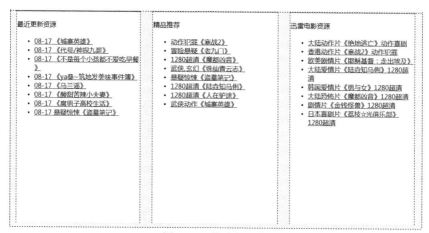

图 5-71　块内的文本

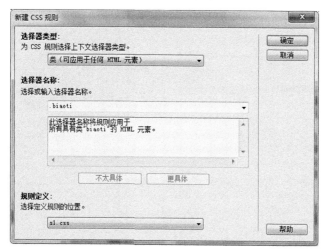

图 5-72　新建样式

（21）单击【确定】按钮后，设置样式如图 5-73、图 5-74 和图 5-75 所示。

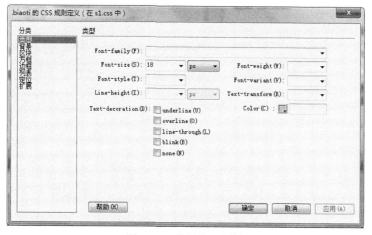

图 5-73　设置类型属性

111

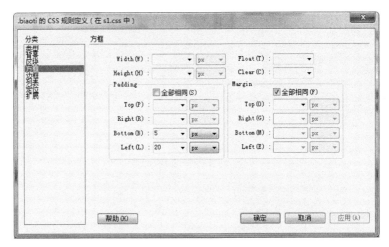

图 5-74　设置方框属性

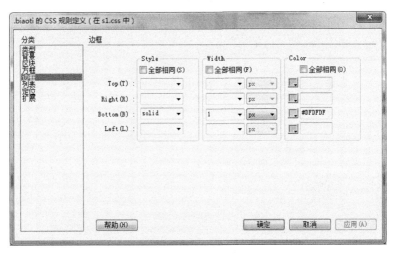

图 5-75　设置边框属性

（22）分别选中三个块中的标题文本，套用"．biaoti"样式，效果如图 5-76 所示。

图 5-76　标题效果

（23）块内超链接文本样式的设置，参照知识点 2 中的步骤，按照 ul、li、a 和 a：hover 的顺序来设置样式，这里不再赘述。因为三个块中超链接的样式完全一样，因此在设置样式的时候，不需要重复同样的步骤，只需要将光标定位到在三个块中任意一个块的超链接上，例如光标定位到 left 块中，新建 CSS 样式，在【新建 CSS 样式】对话框中的【选择器名称】里,删除“♯left”,如图 5-77 所示,这样,选择器的名称就是“♯box ♯main ul li a”,表示设置的是 main 块中所有的超链接样式。具体样式的设置请参考图 5-78 的代码,设置后的超链接效果如图 5-79 所示。

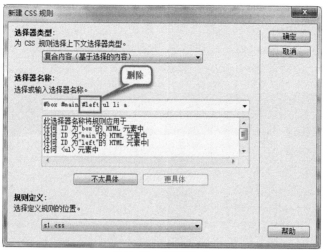

图 5-77　新建样式

```
#box #main ul {
    margin: 0px;
    padding: 0px;
    list-style-type: none;
}
#box #main ul li a {
    font-size: 15px;
    text-decoration: none;
    color: #999;
    display: block;
    height: 35px;
    padding-top: 15px;
    padding-left: 20px;
    border-bottom-width: 1px;
    border-bottom-style: dotted;
    border-bottom-color: #EEE;
}
#box #main ul li a:hover {
    color: #00F;
    text-decoration: underline;
}
```

图 5-78　样式代码

最近更新资源	精品推荐	迅雷电影资源
08-17 《城裹英雄》	动作犯罪《寒战2》	大陆动作片《绝地逃亡》动作喜剧
08-17 《代号/神探九哥》	冒险悬疑《老九门》	香港动作片《寒战2》动作犯罪
08-17 《不是每个小孩都不爱吃早餐》	1280超清《魔都凶音》	欧美剧情片《耶稣基督：走出埃及》
08-17 《ya基~筑地发美味事件簿》	武侠,玄幻《珠仙青云志》	大陆爱情片《陆垚知马俐》1280超清
08-17 《马兰谣》	悬疑惊悚《盗墓笔记》	韩国爱情片《男与女》1280超清
08-17 《酸甜苦辣小夫妻》	1280超清《陆垚知马俐》	大陆超恐怖片《魔都凶音》1280超清
08-17 《腐男子高校生活》	1280超清《人在囧途》	剧情片《金钱怪兽》1280超清
08-17 悬疑惊悚《盗墓笔记》	武侠动作《城裹英雄》	日本喜剧片《荔枝☆光俱乐部》1280超清

图 5-79　超链接样式

(24)按【F12】键预览页面,最终效果如图 5-37 所示。

任务拓展:

制作"京南政法学院"主页,在该页面中,采用的是目前主流的页面布局方式,即 Logo 区、导航区、banner 区和版权信息区横跨整个浏览器,banner 区域使用大幅的展示图片,如图 5-80 所示,其页面布局如图 5-81 所示。

图 5-80 "京南政法学院"主页

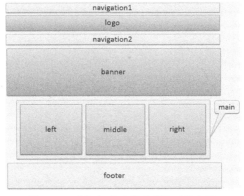

图 5-81 "京南政法学院"页面的布局

任务实施：

（1）打开资源文件夹 resource，将 c5 中的 task03 文件夹复制到本地并设为站点文件夹，在站点文件夹中新建主页文件 index. html，打开文件。

【注意】

页面的制作和任务一和任务二中步骤的重复较多，因此部分步骤省略抓图，请参考代码。

（2）在编辑区插入块，注意块的插入位置与插入顺序，除了 main 块的三个子块和 main 块是父子关系之外，其他的块都是并列的兄弟关系。插入完成后和图 5-82 所示的代码进行对比检查。

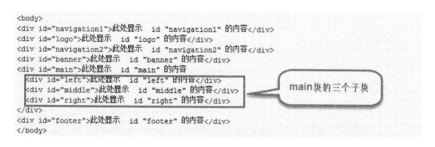

图 5-82　块的插入

（3）单击 CSS 样式面板上的【新建 CSS 规则】按钮，进入【新建 CSS 规则】对话框，【选择器类型】选择"标签"，【选择器名称】选择 body，在【规则定义】中选择"新建样式表文件"，单击【确定】按钮后，将样式表文件存放在 style 文件夹中，命名为 s3. css。

（4）对 body 标签进行重定义，代码如图 5-83 所示。

（5）光标放在 navigation1 块中，新建 CSS 样式，代码如图 5-84 所示，效果如图 5-85 所示。

```
body {
    font-family: "微软雅黑";
    margin: 0px;
    padding: 0px;
}
```

```
#navigation1 {
    background-color: #030;
    height: 30px;
    width: 100%;
    color: #FFF;
}
```

图 5-83　body 标签样式　　　　图 5-84　navigation1 块的样式

图 5-85　navigation1 块的效果

（6）在 navigation1 块中输入超链接文本，并分段，选中所有文本，设置空链接和项目列表,按照任务二知识点 2 中的步骤,设置超链接的样式。ul、li、a 和 a:hover 的样式代码如图 5-86 所示,超链接效果如图 5-87 所示。

```
#navigation1 ul {
    list-style-type: none;
    padding: 0px;
    margin-top: 0px;
    margin-right: 0px;
    margin-bottom: 0px;
    margin-left: 60%;
}
#navigation1 ul li {
    float: left;
}
#navigation1 ul li a {
    text-decoration: none;
    color: #FFF;
    display: block;
    padding-top: 6px;
    padding-left: 15px;
    padding-right: 15px;
}
#navigation1 ul li a:hover {
    text-decoration: underline;
}
```

图 5-86　超链接的样式

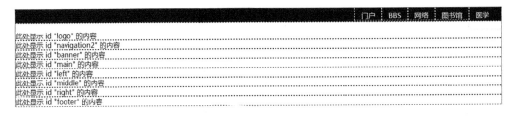

图 5-87　超链接效果

(7) 光标定位到 logo 块中,删除默认文字,新建 CSS 样式,代码如图 5-88 所示,效果如图 5-89 所示。

```
#logo {
    background-color: #006000;
    background-image: url(../images/logo.jpg);
    background-repeat: no-repeat;
    width: 100%;
    height: 100px;
}
```

图 5-88　logo 块的样式

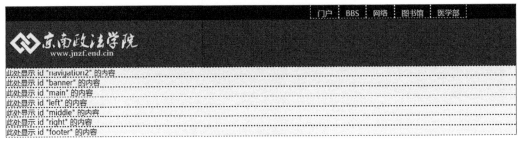

图 5-89　logo 块的效果

（8）光标定位到 navigation2 块中,删除默认文字,
新建 CSS 样式,代码如图 5-90 所示。

（9）在 navigation2 块中输入超链接文本,并分段,
选中所有文本,设置空链接和项目列表,按照任务二知
识点 2 中的步骤,设置超链接的样式。ul、li、a 和 a：
hover 的样式代码如图 5-91 所示,超链接效果如图 5-92 所示。

```
#navigation2 {
    height: 30px;
    width: 100%;
    border-top-width: 1px;
    border-top-style: solid;
    border-top-color: #0C6;
}
```

图 5-90　navigation2 块的样式

```
#navigation2 ul {
    padding: 0px;
    list-style-type: none;
    margin-top: 0px;
    margin-right: 0px;
    margin-bottom: 0px;
    margin-left: 300px;
}
#navigation2 ul li {
    float: left;
}
#navigation2 ul li a {
    color: #333;
    text-decoration: none;
    display: block;
    padding-top: 5px;
    padding-right: 20px;
    padding-bottom: 4px;
    padding-left: 20px;
}
#navigation2 ul li a:hover {
    color: #FFF;
    background-color: #006000;
}
```

图 5-91　navigation2 块中超链接样式

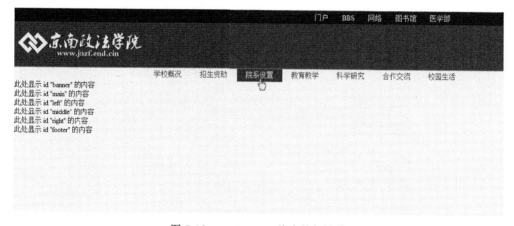

图 5-92　navigation2 块中的超链接

```
#banner {
    width: 100%;
}
```

图 5-93　banner 块样式

（10）光标定位到 banner 块中,新建 CSS 样式,
将 banner 块的 width 属性设置为 100％,如图 5-93
所示。

（11）将 images 文件夹中的 banner.jpg 拖拽到
banner 块中,删除默认文字,如图 5-94 所示。选中图
片,在属性面板中将图片的宽度和高度都设置为 100％,这样,无论浏览器窗口的大小是
多少,图片都会跟随 banner 图片水平方向平铺到整个浏览器中,效果如图 5-95 所示。

图 5-94　设置图片属性

图 5-95　banner 图片效果

```
#main #left, #middle, #right {
    float: left;
    height: 400px;
    width: 300px;
    margin-left: 25px;
}
```

图 5-96　main 块样式

（12）光标定位到 main 块中，删除默认文字，新建 CSS 样式，代码如图 5-96 所示。

（13）光标定位到 left 块中，新建 CSS 样式，修改【选择器名称】的名称，如图 5-97 所示。

（14）单击【确定】按钮后，样式代码如图 5-98 所示，效果如图 5-99 所示。

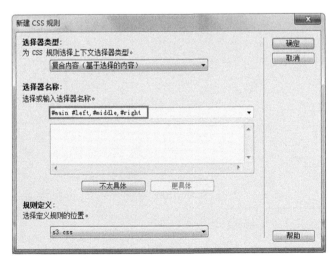

图 5-97　修改选择器名称

```
#main #left, #middle, #right {
    float: left;
    height: 400px;
    width: 320px;
    margin-left: 10px;
}
```

图 5-98　同时设置三个块的样式

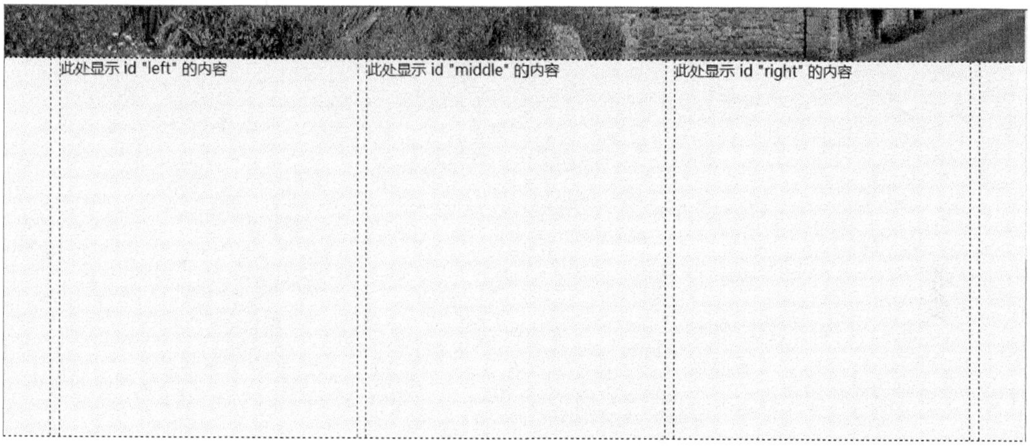

此处显示 id "left" 的内容　　　　　　此处显示 id "middle" 的内容　　　　　　此处显示 id "right" 的内容

图 5-99　三个块的效果

（15）在 left、middle 和 right 三个块中输入或复制文本，如图 5-100 所示。

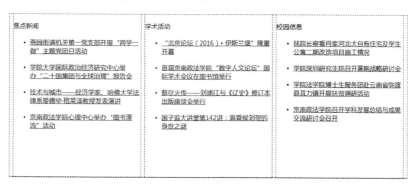

图 5-100　在块中输入或复制文本

（16）新建 CSS 样式，【选择器类型】选择类，在【选择器名称】中输入". biaoti"，样式设置如图 5-101 所示。依次选中 left、middle 和 right 块中的标题，套用". biaoti"样式，效果如图 5-102 所示。

（17）设置三个块内超链接的样式，注意选择器的名称应该依次为"＃main　ul""＃main　ul li""＃main　ul li a""＃main　ul li a：hover"，样式如图 5-103 所示，效果如图 5-104 所示。

```
.biaoti {
    font-size: 18px;
    background-image: url(../images/dot.gif);
    background-repeat: no-repeat;
    padding-top: 6px;
    padding-bottom: 0px;
    padding-left: 40px;
    border-bottom-width: 2px;
    border-bottom-style: solid;
    border-bottom-color: #900;
}
```

图 5-101　设置标题样式

图 5-102　标题效果

```
#main ul {
    margin: 0px;
    padding: 0px;
    list-style-type: none;
}
#main ul li a {
    height: 55px;
    display: block;
    padding-top: 20px;
    text-decoration: none;
    color: #333;
    border-bottom-width: 1px;
    border-bottom-style: solid;
    border-bottom-color: #CCC;
}
#main  ul li a:hover {
    color: #900;
    text-decoration: underline;
}
```

图 5-103　超链接样式

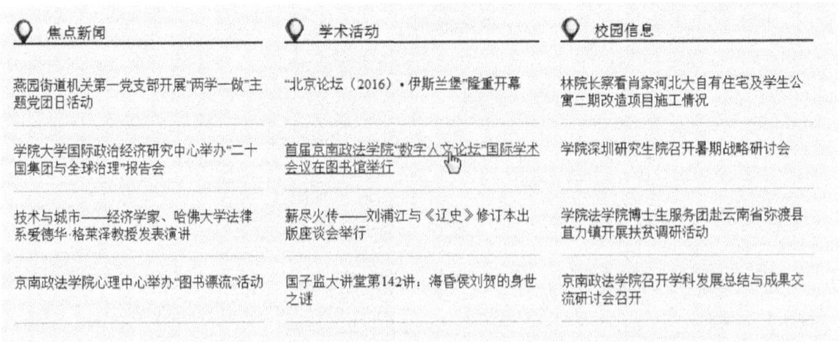

图 5-104　超链接效果

（18）光标定位在 footer 块中，新建 CSS 样式，代码如图 5-105 所示。

（19）在块中输入超链接文本，设置为项目列表，如图 5-106 所示。设置超链接的样式，代码如图 5-107 所示，在超链接导航下输入文本"版权所有©"并插入图片 bj-bottom.png，效果如图 5-108 所示。

```
#footer {
    color: #FFF;
    background-color: #006000;
    text-align: center;
    height: 150px;
    padding-top: 60px;
    padding-bottom: 20px;
}
```

图 5-105 footer 块样式

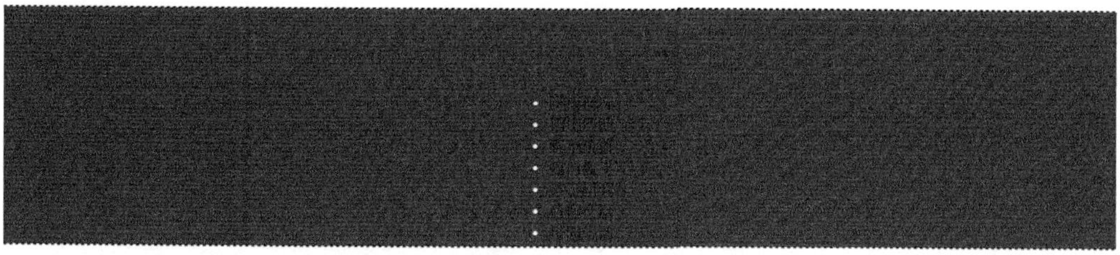

图 5-106 在 footer 块中输入超链接文本

```
#footer ul {
    padding: 0px;
    list-style-type: none;
    margin-top: 0px;
    margin-right: 0px;
    margin-bottom: 0px;
    margin-left: 33%;
}
#footer ul li {
    float: left;
}
#footer ul li a {
    color: #FFF;
    text-decoration: none;
    display: block;
    padding-top: 5px;
    padding-right: 10px;
    padding-bottom: 3px;
    padding-left: 10px;
    font-size: 14px;
}
```

图 5-107 超链接样式

图 5-108 footer 块效果

121

项 目 总 结

本项目使用 CSS＋DIV 布局制作了"几米漫画""Love 电影""京南政法学院"三个页面,其中使用了一列固定宽度居中、两列固定宽度两种布局相结合的方式,不论多么复杂的页面,在这两种布局方式上基本都能实现。

自 我 评 测

一、选择题

1. 要实现水平方向的排列两个块,并且左对齐,需要将两者的哪个属性定义为 left?
( )

A. float   B. margin-left

C. left   D. 其他

2. 如果要取消先插入的块对后插入块的影响,需要将后者样式表中的 clear 属性设置为( )。

A. left   B. right   C. both   D. none

3. CSS＋DIV 布局中的超链接的制作需要借助 HTML 标记中的哪些标记来实现?
( )

A. <ul>   B. <li>   C. <a>   D. <p>

4. 新建样式时,【选择器】项的内容为"＃box ＃banner",下列说法正确的是( )。

A. banner 块是 box 块的子块

B. box 块是 banner 块的子块

C. box 块与 banner 块是并列的两个块

D. 也可以直接写成"＃banner"

二、填空题

1. CSS＋DIV 是_____的一种方式。_____是网页中的"块",块相当于一个容器,网页中的元素可以划分到不同的块中。以块为单位,块及块中所包含元素的属性通过_____进行控制,从而实现整个页面的布局。

2. 盒子模型中整个盒子的最终的宽度(高度)＝_____,如果块内有一个400px×300px 的图片,块的填充、边框和边界分别为 20px、5px 和 10px,那么该块的宽度和高度分别为_____。

3. 当一个块的 margin-left 和 margin-right 设置为_____时,浏览器就会将块的左右边距设为相等的值,从而实现了居中效果。

4. 块在语法上用_____标记表示,_____是块在网页中唯一的标识。

三、简述题

简述 CSS＋DIV 布局的优势。

四、操作题

使用 CSS＋DIV 布局制作项目四中最后一个操作题。

项目六 使用模板批量制作页面

学习目标

了解模板的概念；

掌握模板的创建、编辑、应用、修改、更新等操作方法；

会使用模板实现网页的批量制作或修改。

任务一 使用模板批量制作结构相似页面

 任务描述：

在已经制作好主页的情况下，在主页的基础上制作模板，使用模板生成结构相似的四个子页面，主页面以及四个子页面效果如图 6-1、图 6-2、图 6-3、图 6-4 和图 6-5 所示。

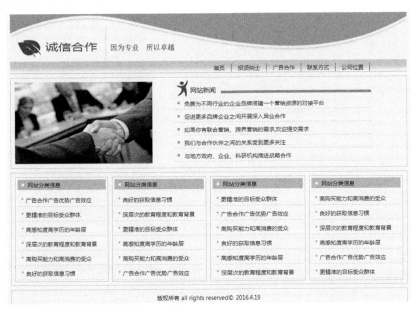

图 6-1 主页效果

图 6-2　"招贤纳士"子页面效果

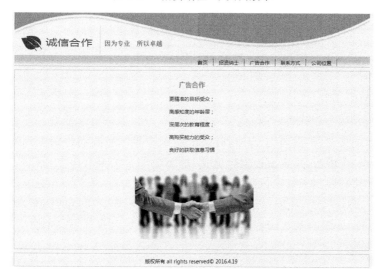

图 6-3　"广告合作"子页面效果

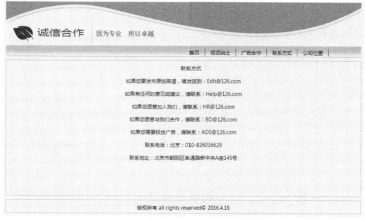

图 6-4　"联系方式"子页面效果

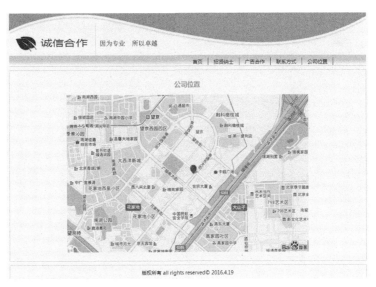

图 6-5 "公司位置"子页面效果

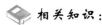 相关知识：

1. 模板的概念

模板可以理解为制作饼干用的模子,使用模子可以制作许多形状相同的饼干。网页模板是一种特殊的文件,扩展名为.dwt,可以批量制作相同布局结构的页面。使用模板生成的页面都"继承"自模板,只要模板发生变化,所有的子页面都会随之变化,方便对页面进行批量修改。如果想脱离于模板,可以将页面与模板进行分离,成为一个独立的页面。

模板由两部分组成:可编辑区和不可编辑区。使用模板生成的页面,只有可编辑区是可以在内部进行页面的基本编辑的,不可编辑区的所有内容都不可编辑。

2. 创建模板

创建模板有两种方法。

第一种方法可以先将带结构的网页制作出来,然后将其保存为模板。

打开制作完成的网页,选择菜单【文件】|【另存为模板】,打开【另存模板】对话框,如图 6-6 所示,在"另存为"后面输入模板文件的名称,单击【确定】按钮。

在模板被保存后,弹出【更新链接】对话框,询问是否需要更新链接,选择【是】,如图 6-7 所示。

图 6-6 【另存模板】对话框

图 6-7 【更新链接】对话框

创建模板的第二种方法适用于还没有制作好页面的情况。选择【文件】|【新建】,在【新建文档】对话框中选择【空模板】|【HTML 模板】,如图 6-8 所示,直接生成扩展名为.dwt 的模板文件。

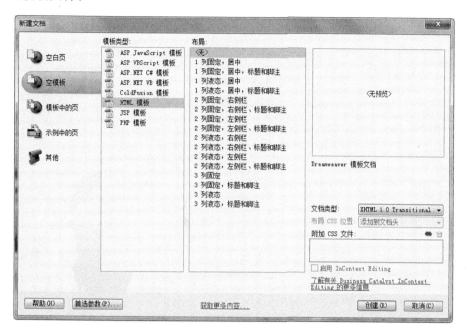

图 6-8 新建模板文件

3. 定义模板的可编辑区域

套用模板的页面只有在可编辑区可以进行正常的编辑,其他任何部分都是不可更改的,因此,一个实用的模板必须包含可编辑区域。

在模板文件中在需要设置为可编辑区的区域右击,选择【模板】|【新建可编辑区】,打开【新建可编辑区域】对话框,如图 6-9 所示,在【名称】中输入可编辑区的名称。

在模板文件的页面中出现如图 6-10 所示的可编辑区,绿色的标签为可编辑区的名称,绿色的框内为可编辑区。

图 6-9 【新建可编辑区域】对话框   图 6-10 可编辑区

4. 应用模板

模板创建后,即可用来创建多个结构相似的网页了。应用模板的方式主要有以下两种:

第一种方法,新建一个 HTML 文档,在页面空白区域右击选择【修改】菜单中的【模板】|【应用模板到页】。

第二种方法,在站点中,执行菜单命令【文件】|【新建】,打开【新建文档】对话框,在该对话框中,选择【模板中的页】,然后选中当前站点,选中所需的模板,即可创建基于该模板的网页,如图 6-11 所示。

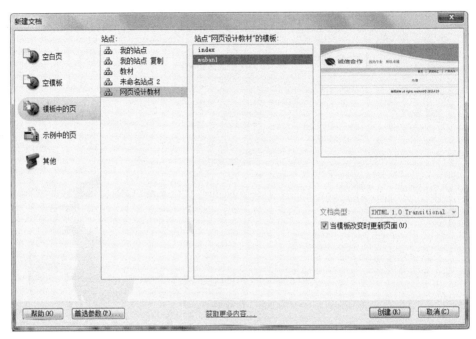

图 6-11　创建应用模板的页面

【温馨提示】

模板文件一旦被创建,在站点目录中会自动生成"Templates"文件夹,模板文件自动保存到该文件夹中,用户不能随意移动修改该文件,否则会引发错误。

5. 修改模板

对该模板文件进行修改后,当保存模板文件时,会跳出【更新模板文件】对话框,如图 6-12 所示,单击【更新】按钮,即可跳出【更新页面】对话框,如图 6-13 所示,此时,应用该模板的各个网页中相关部分也会被自动更新。

图 6-12　【更新模板文件】对话框

图 6-13　【更新页面】对话框

6. 分离模板

如果要将应用模板的某个网页脱离与模板的关系,可以将此网页从模板中分离出来。分离模板,只需打开该网页,执行菜单命令【修改】|【模板】|【从模板中分离】,即可将此网页中与模板分离开来,此网页中的可编辑区域就消失了,变成了一个独立的普通网页。当模板文件再次被更改时,该网页就不会再随之改变了。

 任务实施:

(1)打开资源文件夹 resource,将 c6 中的 task01 文件夹复制到本地并设为站点文件夹。

(2)在文件面板中将主页文件 index.html 复制一份。

【注意】

index.html 文件是一个已经制作完成的主页,因为子页面和主页有结构相同的部分,因此母版要在主页的基础上进行修改,为了不破坏主页,对该页面进行复制,所有的操作在复制的页面中进行。

(3)打开 index-复制.html,选择【文件】|【另存为模板】,打开【另存模板】对话框,如图 6-14 所示,在"另存为"区域,输入模板文件的名称"muban",单击【保存】按钮。此后,在跳出的【更新链接】对话框中,单击【是】按钮即可。

(4)在 muban.dwt 文件中,删除 maintop 块和 mainbottom 块,如图 6-15 所示。

图 6-14　【另存模板】对话框

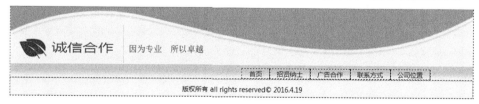

图 6-15　删除多余的块

(5)选择右侧浮动面板组的【布局】|【插入 Div 标签】,在弹出的对话框中进行如图 6-16 所示的设置。

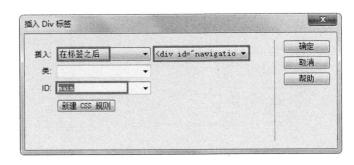

图 6-16　插入 main 块

（6）光标放入 main 块中，新建 CSS 样式，如图 6-17、图 6-18、图 6-19 和图 6-20 所示。

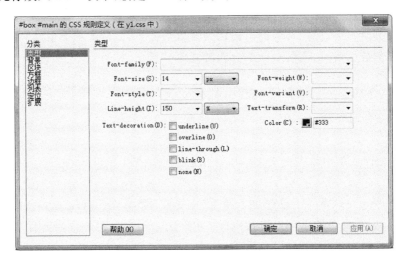

图 6-17　设置 main 块样式

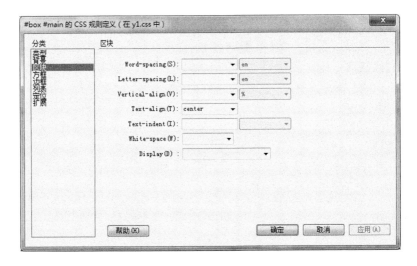

图 6-18　设置 main 块样式

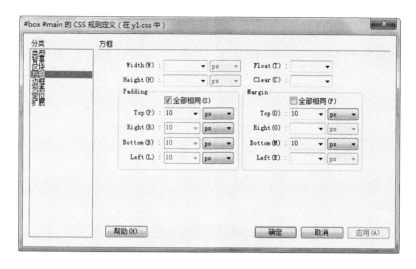

图 6-19 设置 main 块样式

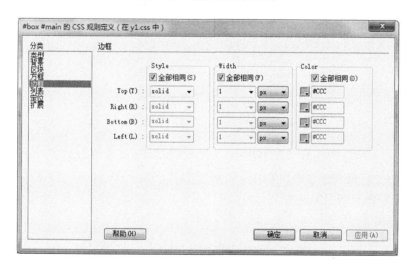

图 6-20 设置 main 块样式

（7）选中"此处显示 id "main" 的内容"几个字，右击选择【模板】|【新建可编辑区】，在
【新建可编辑区】对话框的名称中输入"内容"，如图 6-21 所示，效果如图 6-22 所示。保存
模板文件。

图 6-21 新建可编辑区

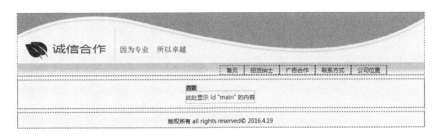

图 6-22　可编辑区

（8）在文件面板的 pages 文件夹中，新建四个空白网页文件，分别用四个子页面的全拼命名，如图 6-23 所示。

图 6-23　新建网页文件

（9）打开"招贤纳士"子页面对应的网页文件 zhaoxian.html，选择【修改】菜单中的【模板】|【应用模板到页】，选择制作的模板"muban"，如图 6-24 所示，套用模板后的页面如图 6-25 所示。

图 6-24　选择模板

图 6-25　套用模板后的页面

（10）在内容框内输入文本，插入图片，如图 6-26 所示。

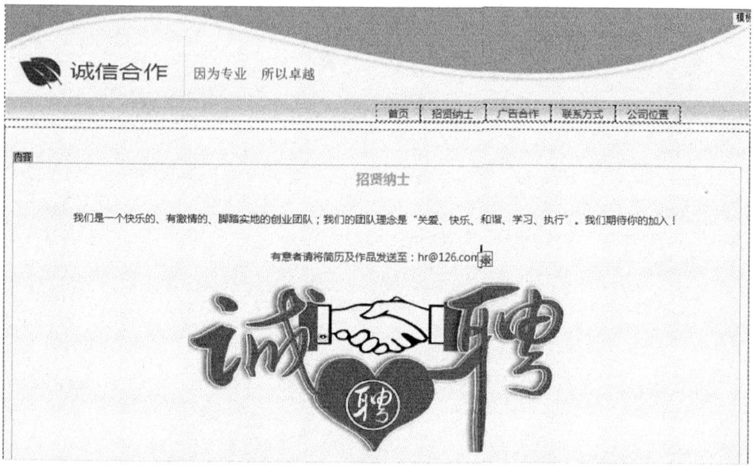

图 6-26 "招贤纳士"子页面

（11）用同样的方法，使用模板文件生成其他的三个子页面，在子页面中放入相应的网页元素。

（12）打开主页文件 index. html，将导航块中的五个超链接依次链接到对应的页面上，在模板文件 muban. dwt 中，将导航栏中的五个超链接依次链接到对应的页面上，分别保存主页和模板文件。

（13）按 F12 键预览主页，测试各个页面之间的跳转是否通畅。

【注意】

模板文件修改之后，需要及时保存，这样发生的修改才会套用到使用模板生成的页面中，如果使用模板生成的页面处于打开状态，也需要及时保存。

任务二　使用两组母版生成页面

任务描述：

有些网站会存在多种结构的页面，这就需要制作多组模板。如图 6-27～图 6-31 所示的网站，水平导航栏中对应的子页面结构相同，主页和文章列表导航对应的页面结构相同，因此需要制作两个模板。

任务实施：

（1）打开资源文件夹 resource，将 c6 中的 task02 文件夹复制到本地并设为站点文件夹，打开 index. html 文件。

（2）选择【文件】|【另存为模板】，在弹出的【另存模板】对话框中将模板命名为 muban1。保存后弹出【更新链接】对话框，选择【是】。

美国公务员人数知多少

有读者问："你们国家有多少公务员？"我们曾在今年年初的一篇博文中简单涉及过这一问题，今天就再详细谈谈。美国的公务员管理分为不同的三个部分：联邦公务员、州公务员以及地方公务员，地方公务员主要指县、市公务员。联邦、州、地方公务员的人员组成结构是不一样的，比如州及地方公务员包括大量公立学校的教师，而联邦公务员则包括邮局员工等。这三部分公务员各有自己的选拔、考核、工资福利、退休等管理体制，互不相干。

根据人口普查局"2013公务员就业及工资年度报告"（Annual Survey of Public Employment & Payroll Summary Report: 2013）的统计，截至2013年3月，包括全职与半职雇员在内，全国共有2183万公务员。全职雇员指每周工作30小时以上者，半职雇员指每周工作不到30小时者。在2183万公务员中，61%为公立学校教职员工（49.9%）、公立医院雇员（5.8%）以及警务人员（5.3%）。……

浏览 [2150] | 评论 [10]

孔子为何感慨世人好色不好德？

《史记·孔子世家》记载，孔子在卫国，卫灵公跟夫人南子同车出行，让孔子坐第二辆车，招摇过市。孔子看着他们的背影，觉得是件丑事，因而说出了这一句话。孔子这句话，当然兼有失望与批评的意思。按照逻辑，孔子心目中的理想人格，应该是：好德胜过好色。但是，触目所及、阅历所见，全都是与之相反的情况。正如孟子一位叫子的弟子所言，"食、色，性也"，好色乃是人类的本性。用今天的话说，爱美之心人皆有之。说起来，孔子这句话似乎有人性批判的意味。但实际上，孔子是有感而发，是有明确的针对性的。针对的是卫灵公，感慨的是自己的学说思想无人理会，无从实施。……

浏览 [750] | 评论 [45]

写给科比的一封信

这赛季一开始我就在想，如果真的有一天你宣布退役了我会是一种怎样的感受，一度天真地认为我会坦然接受。直到看到那封你写给篮球的信，我才明白一种难过与无助混杂的感觉是怎样的，我试着说出"再打两年吧"这种自私的话，但最后我还是选择尊重你的选择，因为你是那个我最最爱的男人，宁愿看到你潇洒离去也不想再看到你每场赛后无奈的摇头。

1996年你进入联盟，我刚出生。20年真的太快了，你从8号变成了24号，战靴也从那几年的乱穿到了如今的11代，身边的队友换了一批又一批，甚至连对手都在一直更换着。可唯一不变的是你你旧爱着紫金球衣，为了那个奖杯拼搏着，尽管是那么不易。

图 6-27 "Slug's blog"主页面

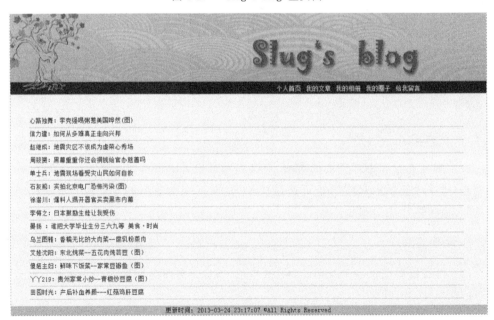

图 6-28 "我的文章"子页面

图 6-29　"我的相册"子页面

美国公务员人数知多少

有读者问："你们国家有多少公务员？"我们曾在今年年初的一篇博文中简单涉及过这一问题，今天就再详细谈谈。美国的公务员管理分为不同的三个部分：联邦公务员、州公务员以及地方公务员，地方公务员主要指县、市公务员。联邦、州、地方公务员的人员组成结构是不一样的，比如州及地方公务员包括大量公立学校的教师，而联邦公务员则包括邮局员工等。这三部分公务员各有自己的选拔、考核、工资福利、退休等管理体制，互不相干。

根据人口普查局"2013年公务员就业及工资年度报告"（Annual Survey of Public Employment & Payroll Summary Report: 2013）的统计，截至2013年3月，包括全职与半职雇员在内，全国共有2183万公务员。全职雇员指每周工作30小时以上者，半职雇员指每周工作不到30小时者。在2183万公务员中，61%为公立学校教职员工（49.9%）、公立医院雇员（5.8%）以及警务人员（5.3%）。

艾萨克的BLOG

* 最新文章列表

美国公务员人数知多少

孔子为何感慨世人好色不好德？

写给科比的一封信

我们该给艾滋病人更多的信任和微笑

图 6-30　"美国公务员人数知多少"子页面

135

图 6-31 "写给科比的一封信"子页面

（3）删除 left 块中的所有文本，在 left 块中右击选择【模板】|【新建可编辑区】，在【新建可编辑区】对话框的名称中输入"内容"，效果如图 6-32 所示。保存模板文件。

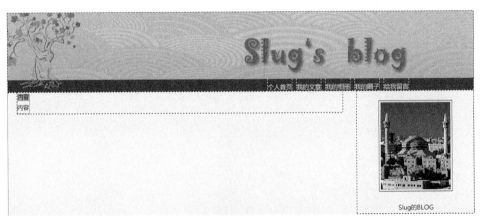

图 6-32 制作模板文件 muban1.dwt

（4）选择【文件】|【另存为模板】，将模板文件另存，命名为 muban2.dwt，如图 6-33 所示。

（5）删除 left 块和 right 块，切换到【代码】视图，将 main 块的 ID 修改为 main1，在 div 标签中输入文本"此处显示 main1 块的内容"，如图 6-34 所示。

图 6-33　另存模板文件 muban2.dwt

```
<div id="container">
    <div id="banner"><img src="../images/banner.jpg" width="1000" height="140" /></div>

    <div id="navigation">
        <ul>
            <li><a href="../index.html">个人首页</a></li>
            <li><a href="../pages/wodewenzhang.html">我的文章</a></li>
            <li><a href="../pages/wodexiangce.html">我的相册</a></li>
            <li><a href="#">我的圈子</a></li>
            <li><a href="#">给我留言</a></li>
        </ul>
    </div>
    <div id="main1">此处显示main1块的内容</div>
    <div id="footer">
        <p>All Rights Reserved&copy;       2016-03-24 23:17:07</p>
    </div>
</div>
```

图 6-34　修改 ID 值

【注意】

此处将 main 块的 ID 修改为 main1,是为了防止在 muban2 中修改该块的样式时,破坏之前模板和页面的结构。

(6)光标放入 main1 块中,新建 CSS 样式,设置样式如图 6-35 所示,清除浮动对 main1 块的影响,文字会在块中左对齐。

(7)选中"此处显示 main1 的内容"几个字,右击选择【模板】|【新建可编辑区】,在【新建可编辑区】对话框的名称中输入"内容",单击【确定】按钮,效果如图 6-36 所示。保存模板文件。

(8)在文件面板的 pages 文件夹中新建文件,分别对应横向导航栏中的"我的文章""我的相册"和文章列表中的"美国公务员人数知多少""写给科比的一封信"。

(9)打开"我的文章"和"我的相册"对应的页面,套用 muban1;打开"美国公务员人数

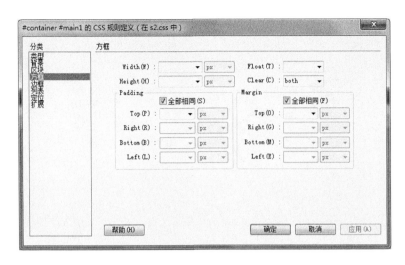

图 6-35 设置 main1 块的样式

图 6-36 制作模板文件 muban2. dwt

知多少"和"写给科比的一封信"对应的几个页面,套用 muban2。

(10) 在几个子页面中输入文本图片素材。

(11) 打开主页,将横向导航的超链接文本链接到对应的网页上,将文章列表中的超链接链接到对应的网页上。

(12) 打开 muban1. dwt,将横向导航的超链接文本链接到对应的网页上,将文章列表中的超链接链接到对应的网页上,保存模板文件,保存所有使用该模板生成的子页面。

(13) 打开 muban2. dwt,将横向导航的超链接文本链接到对应的网页上,保存模板文件,保存所有使用该模板生成的子页面。

(14) 按 F12 键预览主页,测试各个页面之间的跳转是否通畅。

项 目 总 结

本项目使用模板批量制作结构相同的页面,极大地减轻了批量制作网页和修改网页的工作量,简便快捷且不易出错,这在大量制作网页时非常实用,能够大大提高工作效率。

自 我 评 测

一、选择题

1. 有关模板的说法,正确的是(　　)。

A. 使用模板更新文件的方法可以大大节省了用户的时间

B. 不能更新网站应用了模板的网页

C. 由模板创建的网页可以直接编辑

D. 可以更新不是模板的网页

2. 若有多个页面使用相同的布局,就可以使用(　　)来创建网页。

A. 库项目　　　　　　　B. 模板　　　　　　　C. 层　　　　　　　D. 模板

3. 在创建模板时,下面关于可编辑区的说法正确的是(　　)。

A. 只有定义了可编辑区才能把它应用到网页上

B. 在编辑模板时,可编辑区是可以编辑的,锁定区是不可以编辑的

C. 一般把共同特征的标题和标签设置为可编辑区

D. 以上说法都错

4. 在创建模板时,下面关于可选区的说法正确的是(　　)。

A. 在创建网页时定义的

B. 可选区的内容不可以是图片

C. 使用模板创建网页,对于可选区的内容,可以选择显示或不显示

D. 以上说法都错误

二、填空题

模板文件一旦被创建,即被保存在站点目录的_____文件夹中,其扩展名为____,用户不能随意移动该文件,否则会引发错误。

项目七 策划与制作
"启明星科技有限公司"网站

学习目标

了解小型网站的建设流程；

了解网站的设计要点；

能制作小型网站。

任务一 设计"启明星科技有限公司"网站

对"启明星科技有限公司"进行策划,策划的内容包括网站的主题、名称、内容、栏目、布局和色彩等。

相关知识:

（1）网站内容设计

网站内容的设计包括网站主题的选定、内容的组织和栏目的设计等。网站的主题要明确,内容组织要合理,栏目划分要明晰。制作网站最终目的是发布信息,因此作为信息载体的网页,其中的内容就必须要做到便于阅读。只有科学的分类和合理的内容组织,网站要表现的内容才能被方便地查找和阅读。

（2）网站色彩设计

网站的色彩选用不当,会使人产生视觉疲劳,影响网站的整体效果,所以合理地选用网站色彩是十分必要的。一个网站不能只用单一的颜色,会让人感觉单调乏味,但是也不能将所有的色彩都用到网站中,让人感觉太花哨。网站的色彩尽量控制在四种以内。一个网站必须有一种或两种主色调,也就打开页面时整体的色彩感觉。可以用一种色彩,然后调整透明度或饱和度,将色彩变淡或加深,这样的页面看起来色彩和谐统一,有层次感。背景和文本的对比要大,尽量不要用图案复杂的图片作背景。网站各个页面的色调应该保持一致,主色调之外的其他色彩可以用来点缀和衬托,但是不能给人喧宾夺主的感觉。

不同的颜色会给浏览者不同的心理感受。

红色:能使人产生兴奋、热烈、冲动、喜庆的感觉,但同时也会产生紧张、烦躁、焦虑、血腥、警告的感觉。

绿色:代表着生命、青春、和平、温和、宽容、有活力。

橙色:代表开朗、积极、温暖、辉煌、灿烂。

黄色:代表快乐、希望、智慧和轻快。

蓝色:代表凉爽、清新、专业、遥远、神秘、冷静,也会感觉到忧郁、伤感。

紫色:代表浪漫、高贵、优雅的感觉,也会感觉到病态、不安、有毒。

白色:代表洁白、明快、纯真、清洁的感受。

黑色:代表庄重、肃穆、深沉、平静、神秘、寂静、悲哀、压抑。

灰色:具有中庸、平凡、温和、中立的感觉。

（3）网页布局设计

好的网页布局,可以将网页内容合理地组织在一起,使网站访问者一目了然,同样也可以使访问者较容易在网站中找到所需要的信息。对于一般的页面通常包含的内容有:Logo(网站标志)、Banner(横幅广告,用于显示网站名称或广告信息)、导航栏(方便在网站内的各个栏目之间跳转)、内容区和版权信息区等。这几项内容可以按照不同的布局方式组织到页面中。

（4）网站的结构设计

网站目录的结构对于网站的上传和维护有着重要的作用,不要把所有的文件都存放在站点根目录下,应该将文件进行分类。例如,存放图片的文件夹命名为"images",存放除了主页之外网页的文件夹命名为"pages",存放 CSS 样式的文件夹命名为"style",存放 Flash 的文件夹命名为"flash",主页命名为"index. html",放到站点根目录中,目录的层次不要多,建议不要超过三层。站点中切忌使用中文目录,站点中文件的名字尽量使用字母来实现。

 任务实施:

1. 了解网站制作的目的

本网站是一个游戏类公司的网站,主要客户群体为年轻人,网站以展示宣传自己的一款知名游戏为主要目的,希望通过网站让更多的人了解试玩这款游戏进而能成为网站客户。

2. 网站设计

将"启明星科技有限公司"作为网站的名称,通俗易懂,直观明了。

将网站的栏目进行了划分,除了主页之外还有五个子页面,栏目的主要结构如图 7-1 所示。

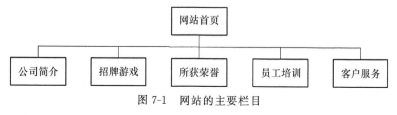

图 7-1　网站的主要栏目

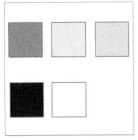

图 7-2 网站的色彩

根据网站特点以及客户群体的年龄段,采用橙色作为网站的主色调,表现出整个网站活泼、积极和时尚的气息。网站使用的主要色彩如图 7-2 所示。

由于网站为小型网站,栏目数量有限,主页和布局上采用的是"T"形布局,页面包含了 Logo、Banner、导航栏、内容区和版权信息区等。在子页面,这几项内容按照更简单的布局方式组织到页面中。

任务二   制作"启明星科技有限公司"网站的主页

任务描述:

制作"启明星科技有限公司"的主页,在设计时,主页遵循了简洁明了的设计原则,将"最新通知""公司简介""精彩图片"等几个核心板块添加到首页中,通过导航栏在网站的页面之间进行跳转,主页效果如图 7-3 所示。

图 7-3 网站的主页

根据本网站特点及栏目的分类,对主页页面进行了布局,布局中块的嵌套和命名按照如图 7-4 所示。

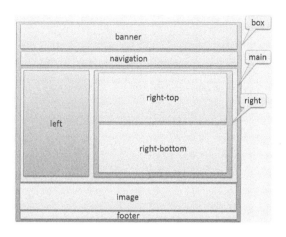

图 7-4　主页中的块

 相关知识:

主页是整个网站的核心,也是网站给人的第一印象,页面不应该太杂乱无序,应该将网站的核心和精华展示出来。主页的布局应该合理,有个性,色彩、图片、图形和动画等视觉元素的应用要美观协调,要能反映出网站的整体结构、风格和内容。主页区块划分要合理,布局可以按照栏目内容来适当地进行区块划分。

任务实施:

(1) 打开资源文件夹 resource,将 c7 中的 task01 文件夹复制到本地并设为站点文件夹,新建一个网页,命名为 index. html,保存到站点根目录中。

(2) 选择浮动面板中的【插入】|【布局】|【插入 Div 标签】,在 index. html 文件中插入多个块,嵌套关系参考图 7-4,插入完成后切换到代码编辑视图,查看命名及层次关系是否一致,代码如图 7-5 所示。

```
<div id="box">此处显示　id "box" 的内容
  <div id="banner">此处显示　id "banner" 的内容</div>
  <div id="navigation">此处显示　id "navigation" 的内容</div>
  <div id="main">此处显示　id "main" 的内容
    <div id="left">此处显示　id "left" 的内容</div>
    <div id="right ">此处显示　id "right " 的内容
      <div id="right-top">此处显示　id "right-top" 的内容</div>
      <div id="right-bottom">此处显示　id "right-bottom" 的内容
        <div id="right-bottom1">此处显示　id "right-bottom1" 的内容</div>
        <div id="right-bottom2">此处显示　id "right-bottom2" 的内容</div>
      </div>
    </div>
  </div>
  <div id="image">此处显示　id "image" 的内容</div>
  <div id="footer">此处显示　id "footer" 的内容</div>
</div>
```

图 7-5　主页中块的嵌套关系

（3）单击右侧浮动面板中的【新建 CSS 规则】按钮，定义 body 标签的样式，如图 7-6 所示，单击【确定】按钮后将样式表文件命名并存放到 style 文件夹中，如图 7-7 所示。

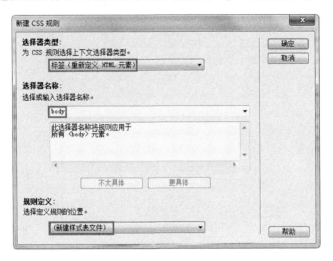

图 7-6　定义 body 标签的样式

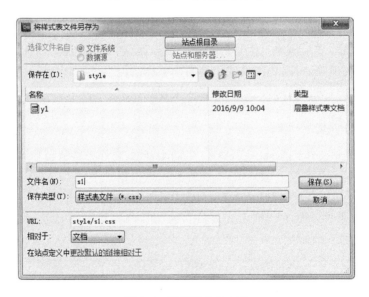

图 7-7　保存样式表文件

（4）定义 body 标签的样式，包括字体、填充和边界，参考如图 7-8 所示代码。

（5）光标定位到 box 块中，新建 CSS 样式，定义 box 块的宽度和在浏览器里居中显示，参考如图 7-9 所示代码。删除 box 块中的默认文字。

图 7-8　定义 body 标签样式　　　　图 7-9　定义 box 块样式

144

【注意】

所有的块在编辑完成之后，都要删除默认文字，以下不再赘述。

（6）光标定位到 banner 块中，将文件面板 images 文件夹中的 banner1.jpg 拖拽到该块中，如图 7-10 所示。

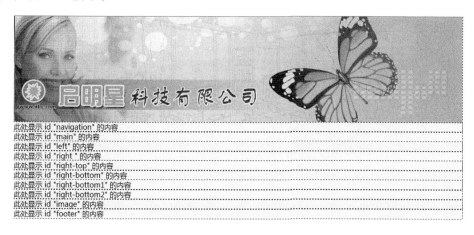

图 7-10 插入图片后的 banner 块

（7）光标定位到 navigation 块中，新建 CSS 样式，设置该块的背景图片和高度，参考如图 7-11 所示代码。

```
#box #navigation {
    background-image: url(../images/nav.jpg);
    height: 50px;
}
```

图 7-11 定义 navigation 块样式

（8）在 navigation 块中输入文本并按【Enter】键分段，选中所有的文本，设置为项目列表，再设置为空链接，如图 7-12 所示。

图 7-12 在 navigation 块中输入超链接文本

（9）设置 ul 的样式。将光标定位到超链接中，新建 CSS 样式，将选择器名称修改为"＃box ＃navigation ul"，样式设置参考如图 7-13 所示代码。效果如图 7-14 所示。

（10）设置 li 的样式。将光标定位到超链接中，新建 CSS 样式，将选择器名称修改为"＃box ＃navigation ul li"，参考如图 7-15 所示代码。效果如图 7-16 所示。

```
#box #navigation ul {
    margin: 0px;
    padding: 0px;
    list-style-type: none;
}
```

图 7-13　定义 ul 的样式

图 7-14　设置完 ul 样式后的效果

```
#box #navigation ul li {
    float: left;
}
```

图 7-15　定义 li 的样式

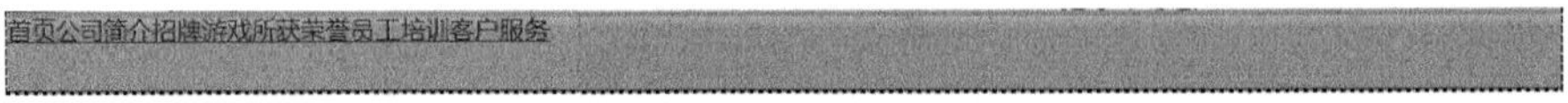

首页公司简介招牌游戏所获荣誉员工培训客户服务

图 7-16　设置完 li 样式后的效果

（11）设置 a 的样式。将光标定位到超链接中，新建 CSS 样式，确认选择器名称修改为"＃box ＃navigation ul li a"，参考如图 7-17 所示代码。效果如图 7-18 所示。

```
#box #navigation ul li a {
    color: #FFF;
    text-decoration: none;
    font-size: 18px;
    font-weight: bolder;
    display: block;
    background-image: url(../images/tubiao.jpg);
    background-repeat: no-repeat;
    background-position: 15px top;
    padding-right: 15px;
    padding-left: 15px;
    padding-top: 10px;
    margin-top: 10px;
}
```

图 7-17　定义 a 的样式

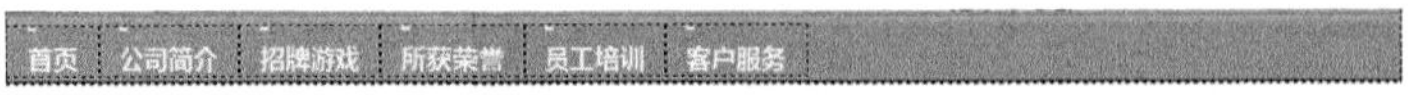

首页　公司简介　招牌游戏　所获荣誉　员工培训　客户服务

图 7-18　设置完 a 样式后的效果

（12）重新设置 ul 的样式，将 ul 的左边界设置为 80px，将整体向右移动，如图 7-19 所示。

（13）调整 left 块和 right 块的位置。将光标依次放入 left 块和 right 块中，新建 CSS 样式，参考如图 7-20 所示代码。调整位置后，两个块的效果如图 7-21 所示。

（14）在 left、right-top 和 right-bottom 块中输入文本信息，如图 7-22 所示。

（15）新建 CSS 样式，如图 7-23 所示，样式参考如图 7-24 所示代码。

（16）选中"最新通知"标题所在段落，套用样式".biaoti1"。

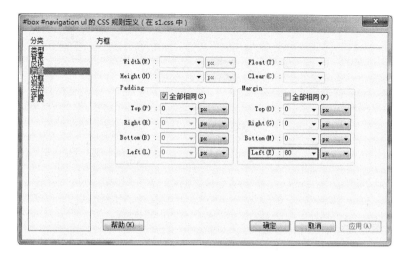

图 7-19 增加 ul 样式的属性

```
#box #main #left {
    float: left;
    height: 550px;
    width: 330px;
}
#box #main #right {
    float: left;
    height: 550px;
    width: 669px;
    border-right-width: 1px;
    border-right-style: solid;
    border-right-color: #CCC;
}
```

图 7-20 定义 left 块和 right 块的样式

图 7-21 left 块和 right 块的位置

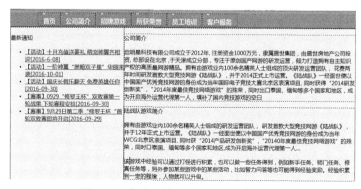

图 7-22 在 left 块和 right 块中输入文本

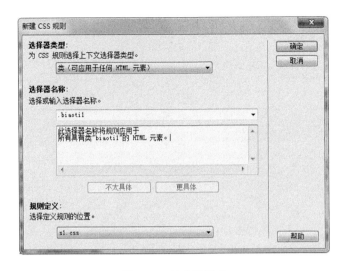

图 7-23　新建类样式

```
.biaoti1 {
    font-weight: bold;
    color: #900;
    background-color: #e2e4e3;
    background-image: url(../images/feed.png);
    background-repeat: no-repeat;
    padding-left: 40px;
    background-position: 15px 15px;
    margin-top: 0px;
    padding-bottom: 10px;
    padding-top: 12px;
}
```

图 7-24　定义 .biaoti1 样式

（17）同样的步骤，新建样式".biaoti2"和".biaoti3"，分别套用到"公司简介"和"陆战队游戏简介"上，样式".biaoti2"和".biaoti3"参考如图 7-25 所示代码。效果如图 7-26 所示。

```
.biaoti2 {
    font-weight: bold;
    color: #900;
    background-color: #EFF1F0;
    background-image: url(../images/feed.png);
    background-repeat: no-repeat;
    padding-left: 40px;
    background-position: 15px 15px;
    margin-top: 0px;
    padding-bottom: 10px;
    padding-top: 12px;
}
.biaoti3 {
    font-weight: bold;
    color: #900;
    background-image: url(../images/feed.png);
    background-repeat: no-repeat;
    padding-left: 40px;
    background-position: 15px 15px;
    margin-top: 0px;
    padding-bottom: 10px;
    padding-top: 12px;
}
```

图 7-25　定义 .biaoti2 和 .biaoti3 样式

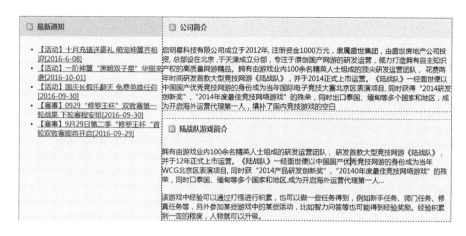

图 7-26　套用样式后的标题

（18）光标定位到"最新通知"下面的超链接上，新建 CSS 样式，"＃box ＃main ＃left ul li a"，去除超链接文本的下画线，设置文本的颜色，参考如图 7-27 所示代码。

```
#box #main #left ul li a {
    text-decoration: none;
    color: #333;
    font-size: 14px;
}
```

图 7-27　定义 a 样式

（19）重新打开样式"＃box ＃main ＃left"，为 left 块再添加样式，参考如图 7-28 所示代码。在 left 块下方插入图片，left 块的效果如图 7-29 所示。

```
#box #main #left {
    float: left;
    height: 550px;
    width: 330px;
    background-color: #CCC;
    line-height: 150%;
}
```

图 7-28　增加 left 块样式

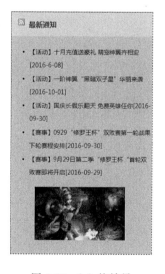

图 7-29　left 块效果

（20）新建类样式". wenzi1"，参考如图 7-30 所示代码，将该样式分别套用给 right-top 和 right-bottom 块中的文本。效果如图 7-31 所示。

```
.wenzi1 {
    line-height: 150%;
    margin-right: 10px;
    margin-left: 10px;
}
```

图 7-30　定义类样式. wenzi1

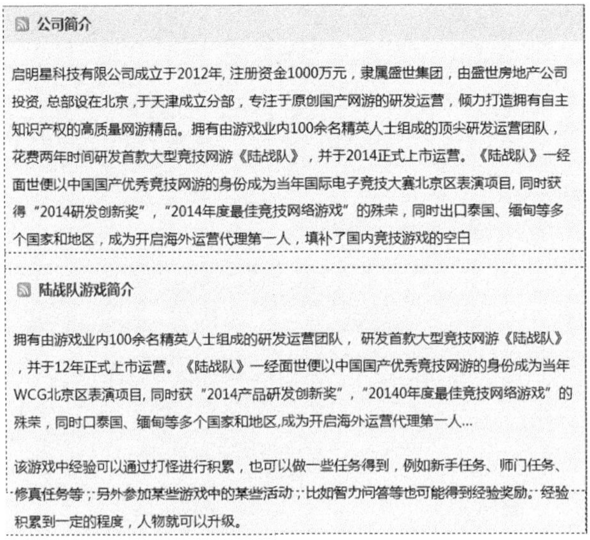

公司简介

启明星科技有限公司成立于2012年，注册资金1000万元，隶属盛世集团，由盛世房地产公司投资，总部设在北京，于天津成立分部，专注于原创国产网游的研发运营，倾力打造拥有自主知识产权的高质量网游精品。拥有由游戏业内100余名精英人士组成的顶尖研发运营团队，花费两年时间研发首款大型竞技网游《陆战队》，并于2014正式上市运营。《陆战队》一经面世便以中国国产优秀竞技网游的身份成为当年国际电子竞技大赛北京区表演项目，同时获得"2014研发创新奖"，"2014年度最佳竞技网络游戏"的殊荣，同时出口泰国、缅甸等多个国家和地区，成为开启海外运营代理第一人，填补了国内竞技游戏的空白

陆战队游戏简介

拥有由游戏业内100余名精英人士组成的研发运营团队，研发首款大型竞技网游《陆战队》，并于12年正式上市运营。《陆战队》一经面世便以中国国产优秀竞技网游的身份成为当年WCG北京区表演项目，同时获"2014产品研发创新奖"，"20140年度最佳竞技网络游戏"的殊荣，同时口泰国、缅甸等多个国家和地区，成为开启海外运营代理第一人...

该游戏中经验可以通过打怪进行积累，也可以做一些任务得到，例如新手任务、师门任务、修真任务等；另外参加某些游戏中的某些活动；比如智力问答等也可能得到经验奖励；经验积累到一定的程度，人物就可以升级。

图 7-31　套用 .wenzi1 样式后的 right 块

```
#box #image {
    clear: both;
    background-color: #F6F5F1;
    padding-bottom: 20px;
}
```

图 7-32　定义 image 块的样式

（21）光标定位到 image 块中，新建 CSS 样式，清除浮动对该块的影响，参考如图 7-32 所示代码。

（22）在 image 块中输入标题文本，并插入图片，如图 7-33 所示。

精彩图片

图 7-33　输入文本和图片后的 image 块

（23）选中"精彩图片"所在段落，套用 .biaoti1 样式，新建类样式".img1"，参考如图 7-34 所示代码，将该样式分别套用给五张图片，效果如图 7-35 所示。

```
.img1 {
    border: 1px solid #333;
    margin-left: 13px;
    padding: 1px;
    height: 130px;
    width: 180px;
}
```

图 7-34　定义类样式 .img1

精彩图片

图 7-35　套用样式后的 image 块

（24）光标定位到 footer 块中，输入文本，设置该块样式，参考图 7-36 所示代码。

```
#box #footer {
    text-align: center;
    height: 20px;
    padding-top: 20px;
    padding-bottom: 10px;
    background-image: url(../images/xiabian.jpg);
    background-repeat: no-repeat;
}
```

图 7-36　定义 footer 块样式

（25）按 F12 键预览网页，最终效果如图 7-3 所示。

任务三　制作"启明星科技有限公司"网站的二级页面

 任务描述：

制作"公司简介""招牌游戏""所获荣誉""员工培训""客户服务"几个二级页面，可以发现除了中间内容不同之外，二级页面的基本结构相同，因此使用模板来完成，二级页面效果如图 7-37、图 7-38、图 7-39、图 7-40 和图 7-41 所示。

图 7-37　"公司简介"页面

151

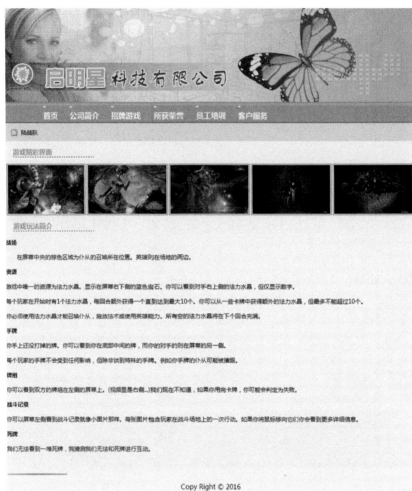

图 7-38 "招牌游戏"页面

图 7-39 "所获荣誉"页面

图 7-40 "员工培训"页面

图 7-41 "客户服务"页面

任务实施：

（1）在文件面板中，将文件 index.html 复制一份，打开复制的文件，删除 left、right 和 image 块，如图 7-42 所示。

图 7-42　删除部分块后的页面

（2）切换到代码视图，将 main 块的 ID 修改为 main1，在 div 标签中间输入文本，如图 7-43 所示。

```
<div id="box">
    <div id="banner"><img src="images/banner1.jpg" width="1000" height="230" /></div>
    <div id="navigation">   <ul>
        <li><a href="#">首页</a></li>
        <li><a href="pages/gongsijianjie.html">公司简介</a></li>
        <li><a href="pages/luzhandui.html">招牌游戏</a></li>
         <li><a href="pages/suohuorongyu.html">所获荣誉</a></li>
        <li><a href="pages/yuangongpeixun.html">员工培训</a></li>

        <li><a href="pages/kehufuwu.html">客户服务</a></li>
    </ul></div>
    <div id="main1">此处显示main1的内容</div>
    <div id="footer">Copy Right &copy; 2016</div>
</div>
```

图 7-43　修改块的 ID

（3）将光标定位到 main1 块中，新建样式，参考如图 7-44 所示代码。

```
#box #main1 {
    line-height: 150%;
    clear: both;
    font-size: 14px;
}
```

图 7-44　定义 main1 块样式

（4）选择菜单【文件】|【另存为模板】，将网页文件保存为模板文件，在【另存模板】对话框中，将模板文件命名为"muban"，如图 7-45 所示。单击【保存】按钮后，更新链接选【是】。

图 7-45　保存模板文件

（5）1 选中"此处显示 main1 的内容"几个字，右击选择【模板】|【新建可编辑区】，在对话框中的名称里输入"内容"，如图 7-46 所示。

图 7-46　为可编辑区命名

（6）创建完可编辑区后的页面效果如图 7-47 所示。

图 7-47　创建可编辑区后的页面

（7）在文件面板的 pages 文件夹中新建五个空白文件，分别命名为 gongsijianjie.html、zhaopaiyouxi.html、suohuorongyu.html、yuangongpeixun.html 和 kehufuwu.html。

（8）打开网页 gongsijianjie.html，选择【修改】|【模板】|【应用模板到页】，选中需要套用的模板"muban"，如图 7-48 所示。套用模板后，在可编辑区中输入标题和文本。选中标题所在段落，套用样式".biaoti1"，效果如图 7-49 所示。

图 7-48　选择模板

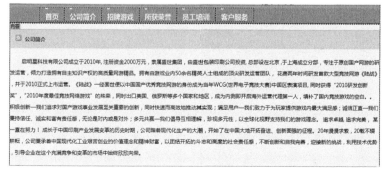

图 7-49　可编辑区中文本样式

155

（9）打开网页 zhaopaiyouxi.html，套用模板，在可编辑区中输入标题、文本和图片。选中标题所在段落，套用样式".biaoti1"，效果如图 7-50 所示。

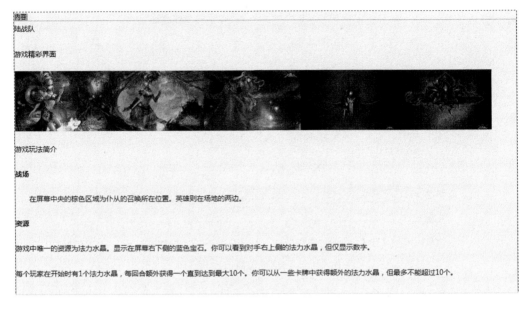

图 7-50　在可编辑区中输入文本和图片

（10）新建类样式".biaoti4"，样式设置参考如图 7-51 所示代码。

```
.biaoti4 {
    font-size: 16px;
    font-weight: bold;
    color: #F93;
    border-bottom-width: 1px;
    border-bottom-style: dashed;
    border-bottom-color: #006;
    width: 200px;
    margin-left: 20px;
}
```

图 7-51　定义类样式 .biaoti4

（11）新建类样式".img2"，样式设置参考如图 7-52 所示代码。

```
.img2 {
    padding: 2px;
    border: 1px solid #666;
    margin-left: 3px;
}
```

图 7-52　定义类样式 .img2

（12）将最上方标题"陆战队"套用样式".biaoti1"，其他的两个标题套用样式".biaoti4"，五张图片依次套用样式".img2"，效果如图 7-53 所示。

（13）打开网页 suohuorongyu.html，套用模板，在可编辑区中输入文本和图片，其中文本设置成项目列表的形式，如图 7-54 所示。

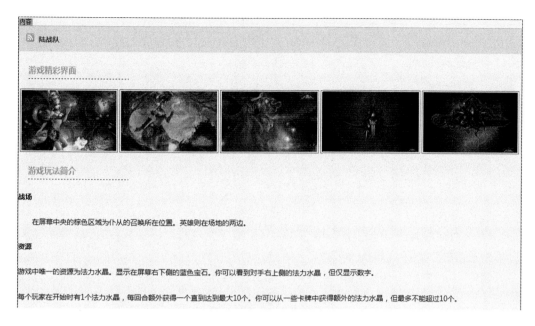

图 7-53　套用样式后的可编辑区

图 7-54　在可编辑区中输入文本和图片

（14）光标定位在项目列表文本上，新建 ul 的样式，调整项目列表文本的行高，参考如图 7-55 所示代码。

```
#box #main1 ul {
    line-height: 200%;
}
```

图 7-55　定义 ul 样式

（15）选中图片，在属性面板的【对齐】中，选择右对齐。如图 7-56 所示。页面效果如图 7-57 所示。

图 7-56　调整图片位置

图 7-57　调整文本和图片位置

（16）同样的方法，新建"员工培训"和"客户服务"页面，套用模板，在可编辑区输入相应的信息，调整样式，这里不再赘述。

（17）打开主页 index. html，将导航栏的五个超链接依次链接到对应的页面上；打开模板文件 muban. dwt，将模板导航栏中的超链接依次链接。保存所有文件。

（18）预览各页面，效果如图 7-37、图 7-38、图 7-39、图 7-40 和图 7-41 所示。

项 目 总 结

本项目完成了"启明星科技有限公司"网站的主页及四个二级页面的制作，其中，使用了 CSS＋DIV 布局页面，使用模板技术制作了二级页面。由于篇幅的限制，本书没有将网站的所有页面的制作方法讲述，有兴趣的读者可以通过访问本书自带的资源文件夹来查看其他页面的效果。

自 我 评 测

一、简述题

1. 简述网站建设的基本流程。

2. 简述各种色彩代表的意义。

二、操作题

以"我的校园"为主题，制作一个小型网站。